W0254766

Studienskripten zur Soziologie

41 Th.Harder, Dynamische Modelle
   in der empirischen Sozialforschung
   120 Seiten, DM 7,80

42 W.Sodeur, Empirische Verfahren zur
   Klassifikation
   183 Seiten, DM 9,80

44 H.-D.Schneider, Kleingruppenforschung
   351 Seiten, DM 15,80

Weitere Bände in Vorbereitung

Preisänderungen vorbehalten

Zu diesem Buch

'Statistik für Soziologen' wird in vier
Studienskripten behandelt: 1. Deskriptive
Statistik - 2. Schließende Statistik -
3. Faktorenanalyse - 4. Nichtparametrische
Statistik. Jeder Band bietet eine geschlos-
sene Darstellung.

Nichtparametrische Statistik wird im allgemeinen in den Lehrveranstaltungen zur
Methodik der empirischen Sozialforschung
angeboten. Der Stoff dieses Bandes ist so
dargestellt, daß besondere Kenntnisse der
Mathematik nicht erforderlich sind. Das
Skriptum kann als Ergänzung zu einschlägigen
Übungen wie auch zum Selbststudium benutzt
werden.

Obwohl dieses Skriptum aus Übungen für
Studenten der Soziologie hervorgegangen ist,
dürfte es gleichermaßen für Sozialpsycholo-
gen, Psychologen, Pädagogen, Politologen
und Mediziner von Interesse sein.

Studienskripten zur Soziologie

Herausgeber: Prof. Dr. Erwin K. Scheuch
            Dr. Heinz Sahner

Teubner Studienskripten zur Soziologie sind als in
sich abgeschlossene Bausteine für das Grund- und
Hauptstudium konzipiert. Sie umfassen sowohl Bände
zu den Methoden der empirischen Sozialforschung,
Darstellungen der Grundlagen der Soziologie, als
auch Arbeiten zu sogenannten Bindestrich-Soziologien,
in denen verschiedene theoretische Ansätze, die Ent-
wicklung eines Themas und wichtige empirische Studien
und Ergebnisse dargestellt und diskutiert werden.
Diese Studienskripten sind in erster Linie für
Anfangssemester gedacht, sollen aber auch dem
Examenskandidaten und dem Praktiker eine rasch
zugängliche Informationsquelle sein.

Statistik für Soziologen **4**

Nichtparametrische Statistik

Eine Einführung
in die Grundlagen

Von Dr. H. Renn
Universität Hamburg

1975. Mit 5 Bildern
und 18 Tabellen

B. G. Teubner Stuttgart

Dr. rer. pol. Heinz Renn

1940 in Mayen geboren. 1956 bis 1959
kaufmännische Lehre. 1962 Abitur in Bonn.
1962 bis 1967 Studium der Soziologie und
Wirtschaftswissenschaften an der Universi-
tät Köln. 1967 bis 1973 wissenschaftlicher
Mitarbeiter im Forschungsinstitut für
Soziologie der Universität zu Köln; daneben
Lehraufträge an den Universitäten Köln,
Düsseldorf und Bochum. Seit 1973 Wiss. Ober-
rat am Seminar für Sozialwissenschaften der
Universität Hamburg.

CIP-Kurztitelaufnahme der Deutschen Bibliothek

Renn, Heinz
Statistik für Soziologen.

   (Teubner-Studienskripten: Studienskripten z.
   Soziologie)

4. Nichtparametrische Statistik: Eine Einf.
in d. Grundlagen.
   ISBN 978-3-519-00025-9   ISBN 978-3-322-94894-6 (eBook)
   DOI 10.1007/978-3-322-94894-6

Umschlaggestaltung: W. Koch, Sindelfingen

Vorwort

Häufig sind Sozialwissenschaftler mit der Tatsache konfrontiert, daß die von Ihnen zu analysierenden Daten nicht den Annahmen genügen, die in den zur Anwendung vorgesehenen statistischen Verfahren explizit als Modellvoraussetzungen formuliert sind. Dies gilt insbesondere für die klassischen statistischen Modelle. Als Ausweg bieten sich hier eine Vielzahl von Verfahren an, die in ihrer Gesamtheit recht global und oft auch ungenau mit der Bezeichnung <u>nichtparametrische</u> oder auch <u>verteilungsfreie Statistik</u> belegt werden. Zwar gelten auch hier jeweils spezifische Modellvoraussetzungen, diese sind in der Regel weniger einschränkend und damit der besonderen Datenlage der Sozialwissenschaften angemessener. Der vorliegende Band handelt von diesen statistischen Verfahren.

Das besondere didaktische Konzept der Darstellung ergibt sich aus der vorgefundenen allgemeinen Lehrbuchliteratur zu dem in Frage stehenden Sachbereich. Diese zeichnet sich entweder aus durch rigorose mathematische Abstraktion auf hohem Niveau oder begnügt sich mit rezeptartiger Präsentation einzelner Verfahren. Übersteigt die erstgenannte Darstellungsform bei weitem die Notwendigkeiten sozialwissenschaftlicher Datenanalyse, so kann die zweite Form erst recht nicht befriedigen. Zwar haben sich die vorhandenen "Kochbücher" mit der in ihnen enthaltenen Vielzahl von Tests und anderen Verfahren als Kompendien für den praktisch Forschenden durchaus bewährt, beim Novizen des Bereichs der nichtparametrischen Statistik hinterlassen sie jedoch eher Verwirrung als Einsicht in die Zusammenhänge. Letztlich ist eine solche Einsicht aber das einzige Mittel gegen eine falsche Anwendung statistischer Verfahren.

Demgegenüber soll hier ein Kompromiß zwischen diesen beiden
Darstellungsformen versucht werden. Nicht alle möglichen
nichtparametrischen Verfahren werden behandelt. Wir beschränken uns vielmehr exemplarisch auf eine einzige Gruppe nichtparametrischer Tests, auf <u>Rangtests</u>. Diese Prüfverfahren
eignen sich im besonderen Maße zur Erläuterung allgemeiner
Spezifika nichtparametrischen Testens. Dabei soll deutlich
werden, wie flexibel ein bestimmter Ansatz hinsichtlich
einer Vielfalt von Fragestellungen sein kann. Eine Einführung
in die nichtparametrische Statistik dieser Art ist nach Ansicht des Verfassers im Rahmen der sozialwissenschaftlichen
Methodenausbildung wesentlich effizienter als die Präsentation einer Vielzahl von Formeln und Rechenschemata. Die Fragestellungen, auf die wir uns dabei beziehen, sind die Fragestellungen traditioneller Verfahren. Eine Anwendung des
Rangtestansatzes auf eine logisch in sich geschlossene Syste-
matik von Fragestellungen wäre sicherlich befriedigender ge-
wesen, sie verbietet sich aber schon aus Raumgründen.

Dem eigentlichen Text vorangestellt ist eine kurze Einführung in die Grundbegriffe der statistischen Testtheorie.
Hierauf folgt eine Diskussion von Grundproblemen nichtparametrischer Tests insbesondere im Verhältnis zu den parametrischen Verfahren. Sodann werden einzelne Rangtests dargestellt. Angesichts der Tatsache, daß nichtparametrische
Statistik in der sozialwissenschaftlichen Methodenausbildung
selten ausschließliches Thema eines ganzen Kurses ist und
meist nur in Ergänzung parametrischer Verfahren behandelt
wird, haben wir die Darstellung so knapp wie möglich gehal-
ten. Auf die Aufnahme von Tabellen der exakten Wahrscheinlichkeitsverteilungen der einzelnen Prüfgrößen wurde verzichtet.

Hamburg, im Juni 1975   Heinz Renn

7

Inhaltsverzeichnis

"Normality is a myth; there never
was, and never will be, a normal
distribution."

                R.C. GEARY (1947)

"Tout le monde y croit cependant,
..., car les experimentateurs
s' imaginent que c'est un
théorème de mathématiques et
les mathématiciens que c'est
un fait expérimental."

                Henri POINCARÉ (1912)

1. Grundbegriffe der statistischen Testtheorie

Nicht nur bei der ökonomischen Beschreibung großer Daten-
mengen, sondern auch als Verfahren generalisierender Schlüsse von Stichproben auf Grundgesamtheiten, spielt die Statistik eine entscheidende Rolle in der Datenanalyse. Schlüsse dieser Art sind aber nur dann möglich, wenn die Stichprobe als Teilmenge in einem bestimmten Verhältnis zu der
sie umfassenden Grundgesamtheit steht, auf die sich die Ge-
neralisierung einer Aussage beziehen soll. Die Stichprobe
muß der Grundgesamtheit zufällig entnommen sein. Nur wenn
diese elementare Voraussetzung gegeben ist, kann sich die
Statistik als schließendes Verfahren die Wahrscheinlichkeitsrechnung zunutze machen, um die Unsicherheit, mit der
statistische Schlüsse behaftet sind, zu objektivieren[1].

1.1. Nullhypothese und Alternativhypothese

Gehen wir von folgendem Beispiel aus: Beim sonntäglichen
Ausflug streitet sich ein Ehepaar über die Frage, ob Männer oder Frauen die besseren Autofahrer seien. Dabei ver-
tritt die Ehefrau die Ansicht, daß Frauen viel besser als
Männer auf die sich im Straßenverkehr ständig verändernde
Situation reagierten; sie als Ehefrau nur nicht oft genug
Gelegenheit habe, dies zu beweisen. Da man sich nicht eini-
gen kann, beschließt man, die Frage empirisch zu untersuchen. Die Untersuchung soll sich auf autofahrende Ehepaare
beschränken.

Erhebung und Analyse entsprechender Daten sind allein von der
Logik des Vorgehens her beurteilt relativ einfach. Alle
autofahrenden Ehepaare unterziehen sich an einem Simula-
tor einem Reaktionstest, bei dem der besser reagierenden

---

1) Zumindest existiert zur Zeit nur im Falle zufälliger
   Stichproben in umfassender Weise eine entsprechende
   statistische Theorie.

Versuchsperson ein höherer Punktwert zugewiesen wird als der schlechter reagierenden. Erreicht eine Ehefrau einen höheren Punktwert als ihr Mann, so wird sie als besserer Autofahrer angesehen; erreicht sie einen im Vergleich mit ihrem Mann niedrigeren Punktwert, so wird sie als schlechterer Autofahrer bezeichnet. Eine besser autofahrende Ehefrau kennzeichnen wir mit einem Plus-Zeichen (+); eine schlechter autofahrende Ehefrau mit einem Minus-Zeichen (-).

Danach sind wir in der Lage, die jeweilige Anzahl der Ehefrauen mit besserer bzw. schlechterer Fahrtüchtigkeit zu bestimmen und die entsprechenden Werte miteinander zu vergleichen. Übersteigt die Anzahl der besser autofahrenden Ehefrauen die der schlechter fahrenden, symbolisch,

$$\sum (+) > \sum (-), \tag{1}$$

so legen Frauen eine höhere Fahrtüchtigkeit an den Tag als Männer. Die Ansicht der Ehefrau des sich streitenden Ehepaares würde dadurch bestätigt.

Ist hingegen die Anzahl der besser autofahrenden Ehefrauen kleiner oder gleich der der schlechter fahrenden, symbolisch,

$$\sum (+) \leq \sum (-), \tag{2}$$

so stützt dies die Vermutung des Ehemannes unseres Paares.

Diese zuletzt betrachtete Vermutung, daß die Frauen nicht die besseren Autofahrer sind, wollen wir als <u>Nullhypothese</u> (abgekürzt: H_o) bezeichnen, die Annahme der Ehefrau dagegen, daß Frauen besser autofahren, als die <u>Alternativhypothese</u> (abgekürzt: H_a).

Das Verhältnis der beiden in Frage stehenden Populationen, der der autofahrenden Ehefrauen und der der autofahrenden Ehemänner, kann für den Fall der Geltung der <u>Alternativhypothese</u> durch zwei Häufigkeitsverteilungen über den Bereich der beim Reaktionstest erzielbaren Punktwerte, X, wiedergegeben werden. Dies geschieht anhand der beiden aus

einer Vielzahl von Möglichkeiten beispielhaft ausgewählten
Verteilungen der Abbildung 1. Anzumerken ist, daß diese beiden Häufigkeitsverteilungen nur der Einfachheit der Darstellung wegen als geglättete Kurvenverläufe dargestellt sind.

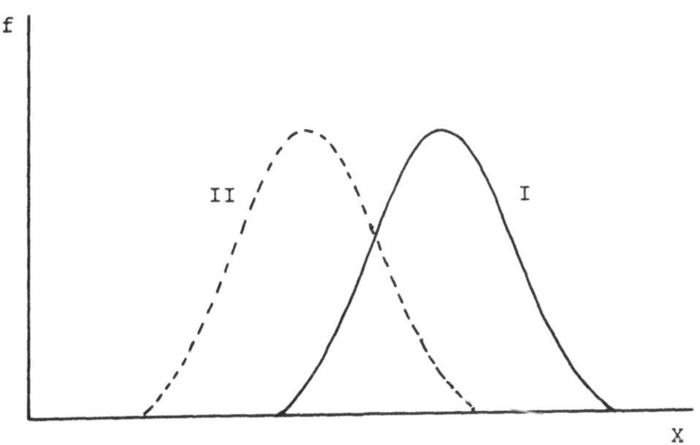

Abbildung 1: Verhältnis der Populationen bei Geltung der
Alternativhypothese (Beispiel)

Die Häufigkeitsverteilung I ist die Verteilung der von den
Ehefrauen erreichten Punktwerte. Diese sind im Schnitt höher
als die Punktwerte der Ehemänner, die durch die Häufigkeitsverteilung II repräsentiert sind. Für den hier beispielhaft
aufgezeigten Fall gilt die in Formel (1) wiedergegebene Beziehung.

Bei Geltung der Nullhypothese stimmt die Fahrtüchtigkeit der
Frauen mit der der Männer überein bzw. ist geringer. Die
Häufigkeitsverteilung I entspricht dann genau der Häufig-
keitsverteilung II bzw. Häufigkeitsverteilung I liegt im
Vergleich zu Häufigkeitsverteilung II eher im unteren Wer-
tebereich von X. Abbildung 2 zeigt das Verhältnis der bei-

den Populationen für diesen Fall.

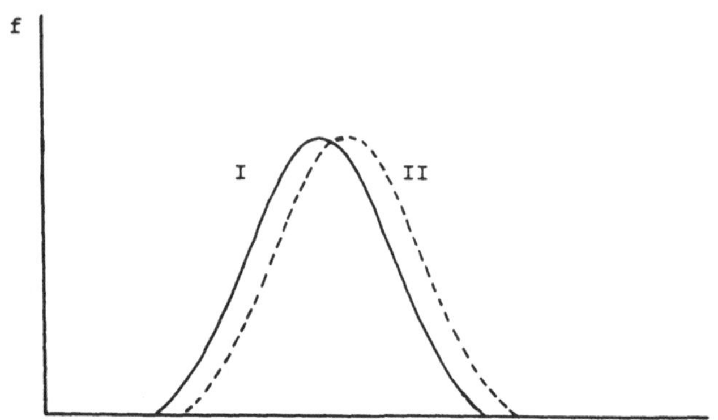

<u>Abbildung 2:</u> Verhältnis der Populationen bei Geltung der
Nullhypothese (Beispiel)

Es gilt hier die in Formel (2) wiedergegebene Beziehung.

1.2. <u>Einseitige gegenüber zweiseitiger Fragestellung</u>

Bei den eben vorgeführten Hypothesen, H_o und H_a, lag eine
<u>einseitige</u> Fragestellung vor. Im Falle einer einseitigen
Fragestellung ist in der Alternativhypothese die Richtung
einer Differenz spezifiziert. So wurde in unserem Beispiel
behauptet, die Frauen seien gegenüber den Männern die besseren Autofahrer.

Es liegt auf der Hand, daß auch eine nach der Richtung <u>umge-</u>
<u>kehrte</u> Spezifizierung möglich ist. In diesem Falle lautet
die Vermutung, die Männer seien gegenüber den Frauen die
besseren Autofahrer. Bei dieser Alternativhypothese liegt
ebenfalls eine einseitige Fragestellung vor. Wenn wir die
auf Seite 12 erläuterte Symbolik beibehalten, so lauten
hier die Null- und die Alternativhypothese:

$$H_o: \sum (+) \geq \sum (-) \qquad\qquad (2a)$$

$$H_a: \sum (+) < \sum (-) \qquad\qquad (1a)$$

In gleicher Weise ist das in den Abbildungen 1 und 2 wiedergegebene Verhältnis der beiden Populationen zu modifizieren.
Interessiert uns jedoch nur der bloße Unterschied im Fahrverhalten von Männern und Frauen und nicht dessen Richtung,
so ist eine _zweiseitige_ Fragestellung gegeben. In der entsprechenden Alternativhypothese wird dann nur vermutet, daß
sich Männer und Frauen unterscheiden. Null- und Alternativhypothese lauten dementsprechend:

$$H_o: \sum (+) = \sum (-) \qquad\qquad (2b)$$

$$H_a: \sum (+) \neq \sum (-) \qquad\qquad (1b)$$

Bei Geltung der Nullhypothese entspricht die Fahrtüchtigkeit der Männer der der Frauen. Das Verhältnis der beiden
Populationen für diesen Fall ist in _Abbildung 3_ wiedergegeben.

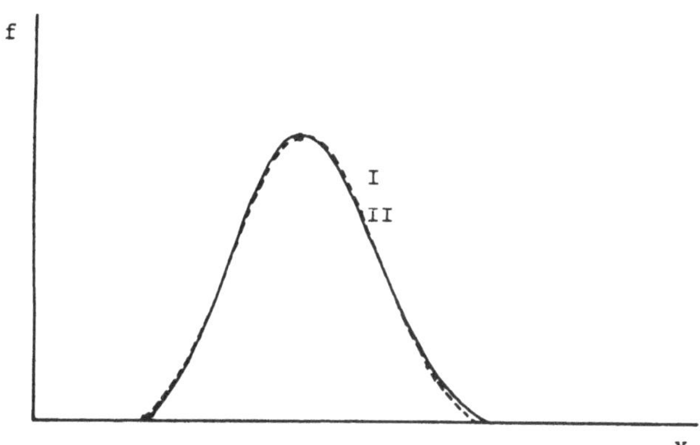

Abbildung 3: Verhältnis der Populationen bei Geltung der
Nullhypothese; zweiseitige Fragestellung
(Beispiel)

1.3. Zufallsfehler der Auswahl

So einfach die Untersuchung im Prinzip erscheint, so schwie-
rig ist sie in ihrer praktischen Durchführung. Die vorge-
schlagene Kennzeichnung der Fahrtüchtigkeit aller autofahrenden Ehepaare dürfte selbst dann ein zeitraubendes, ja
ein fast unmögliches Unterfangen sein, wenn man sich darauf
beschränken will, nur eine Aussage über die Fahrtüchtigkeit der Männer und Frauen eines Landes, z.B. der Bundesrepublik, zu machen. Eine Lösung bietet jedoch die entsprechende Charakterisierung einer zufälligen Stichprobe aus
der Grundgesamtheit der autofahrenden Ehepaare der Bundesrepublik an.
Hier tritt jedoch eine Schwierigkeit auf. Konnte bei der
Untersuchung der Gesamtheit aller autofahrenden Ehepaare
ein Unterschied in den beiden Werten als ein realer Unterschied angesehen und als tatsächlich vorhandener Unterschied in der Fahrtüchtigkeit interpretiert werden, so ist
das nun im Falle des Vergleichs von Stichprobenkennziffern
nicht mehr möglich. Zufällige Stichproben sind zwar Abbilder von Grundgesamtheiten, sie stimmen jedoch in der Regel
nicht mit der jeweiligen Grundgesamtheit, aus der sie stammen, überein. Die Repräsentation der Grundgesamtheit durch
die Stichprobe enthält die Möglichkeit einer Verzerrung
durch zufällige Auswahlfehler.

In unserem Beispiel ist es durchaus denkbar, daß bei der
Stichprobenziehung rein zufällig zuviele Ehepaare ausge-
wählt wurden, bei denen die Ehefrauen die bessere Reaktionsfähigkeit an den Tag legen, gegenüber den Ehepaaren, bei
denen die Ehemänner besser reagieren, obwohl kein entsprechender geschlechtsbezogener Unterschied in der Grundgesamtheit besteht. Will man dennoch anhand der Stichprobenergebnisse eine Aussage über die Fahrtüchtigkeit von Männern und
Frauen in der Grundgesamtheit machen, so muß man die Möglichkeit des Zufallsfehlers einer Auswahl im statistischen

Schluß mit berücksichtigen.

1.4. Die Rolle der Wahrscheinlichkeitsrechnung im statistischen Test

An dieser Stelle wird die Bedeutung der Wahrscheinlichkeitsrechnung für die statistische Inferenz sichtbar. Um zu beurteilen, ob ein in der vorliegenden Stichprobe zu beobachtender Unterschied im geschlechtsspezifischen Fahrverhalten nur zufälliger Natur ist oder ob sich hier ein realer Unterschied zeigt, müssen wir wissen, was an Ergebnissen bei der Ziehung zufälliger Stichproben aus der Grundgesamtheit autofahrender Ehepaare überhaupt theoretisch denkbar ist. Der induktive Schluß von der Stichprobe auf die Grundgesamtheit ist nur möglich, weil ihm ein deduktiver Schluß von der Grundgesamtheit auf die Stichprobe entgegensteht. Letzterer geht von bestimmten Vorstellungen (Annahmen) über die Grundgesamtheit aus und wird mit Hilfe der Wahrscheinlichkeitsrechnung geführt. Er zeitigt im Ergebnis ein Spektrum möglicher Stichproben, die theoretisch unter Zugrundelegung bestimmter Modellannahmen bei Geltung der Nullhypothese aus der in Frage stehenden Grundgesamtheit rein zufällig gezogen werden können.

Nehmen wir an, wir entnehmen der Grundgesamtheit der autofahrenden Ehepaare eine Zufallsstichprobe von sechs Ehepaaren. Charakterisieren wir diese sechs Ehepaare in der oben bezeichneten Weise nach der relativen Fahrtüchtigkeit der Ehefrau im Vergleich mit der des Ehemannes, so ist folgendes Ergebnis möglich:

Ehepaar	1.	2.	3.	4.	5.	6.
Charakterisierung	+	−	+	−	−	−

Durch Auszählen der Plus- und der Minuszeichen ermitteln
wir, daß

$$\sum (+) = 2 < \sum (-) = 4 \ . \tag{3}$$

Dies bedeutet, daß in unserer Stichprobe der Ehepaare die
Ehefrauen gegenüber ihren Männern <u>nicht</u> die besseren Autofahrer sind.

Inwieweit kann dieses Stichprobenergebnis im Hinblick auf
die Grundgesamtheit verallgemeinert werden? Um dies zu entscheiden, müssen wir wissen, wie groß die Wahrscheinlichkeit für die gezogene Stichprobe, die die geringere Fahrtüchtigkeit der Ehefrauen indiziert, in dem Falle ist, in
dem in der Grundgesamtheit die Anzahl der Ehepaare mit besser autofahrenden Ehefrauen der Anzahl der Ehepaare mit
besser autofahrenden Ehemännern entspricht (Nullhypothese).

Die Wahrscheinlichkeit dieser Stichprobe als komplexes
Ereignis kann bestimmt werden anhand der Wahrscheinlichkeiten für die beiden Elementarereignisse der Stichprobenziehung:

 die Wahrscheinlichkeit der Auswahl eines Paares, bei
 dem die Ehefrau besser autofahren kann, $p(+)$, und

 die Wahrscheinlichkeit der Auswahl eines Paares, bei
 dem der Ehemann besser autofahren kann, $p(-)$.

Besteht in der Grundgesamtheit kein Unterschied zwischen
Männer und Frauen bezüglich ihres Fahrverhaltens, so wird
bei zufälliger Auswahl die Wahrscheinlichkeit $p(+)$ der
Wahrscheinlichkeit $p(-)$ entsprechen:

$$p(+) = p(-) \tag{4}$$

Da es nur die beiden Möglichkeiten (+) und (-) gibt, (-)
das Komplementärereignis von (+) ist, können wir statt
dessen auch schreiben:

$$p(+) = \frac{1}{2} \ . \tag{5}$$

Dies ist eine Formel (2) analoge Formulierung der Nullhypothese (hier für die zweiseitige Fragestellung).
Da p(-) = 1 - p(+), liegt damit auch die Wahrscheinlichkeit
des Komplementärereignisses fest.
Die Wahrscheinlichkeit der in Frage stehenden Stichprobe,
p(A), als das unabhängige Auftreten von sechs Elementarer-
eignissen in einer bestimmten Reihenfolge kann nach dem Mul-
tiplikationssatz der Wahrscheinlichkeitsrechnung als das
Produkt der sechs entsprechenden Wahrscheinlichkeiten bestimmt werden:

$$p(A) = p(+) \ p(-) \ p(+) \ p(-) \ p(-) \ p(-) = \left(\frac{1}{2}\right)^{6} = \frac{1}{64}.$$

Genauso wahrscheinlich ist unter diesen Gegebenheiten z.B.
ein Ergebnis der folgenden Art:

Ehepaar	1.	2.	3.	4.	5.	6.
Charakterisierung	-	+	+	+	-	+

Gleichfalls gibt es keinen hinreichenden Grund, warum jede
andere Stichprobe aus sechs autofahrenden Ehepaaren wahr-
scheinlicher oder weniger wahrscheinlich sein soll. Das
Spektrum möglicher Ergebnisse der Stichprobenziehung, die
alle die gleiche Wahrscheinlichkeit besitzen, reicht dabei
von der Stichprobe mit Ehefrauen, die _alle_ bessere Autofahrer sind,

Ehepaar	1.	2.	3.	4.	5.	6.
Charakterisierung	+	+	+	+	+	+

bis hin zur Stichprobe aus Ehepaaren, bei denen die Ehemänner _alle_ besser autofahren:

Ehepaar	1.	2.	3.	4.	5.	6.
Charakterisierung	-	-	-	-	-	-

Insgesamt sind somit 64 verschiedene, gleichwahrscheinliche Stichproben möglich.

Vor dem Hintergrund eines solchen Spektrums theoretisch möglicher Stichproben kann die Gültigkeit eines sich in der beobachteten Stichprobe zeigenden Unterschiedes beurteilt werden. Dies geschieht durch das Prüfverfahren eines speziellen statistischen Tests. Das Gesagte wird in <u>Abbildung 4</u> schematisch dargestellt.

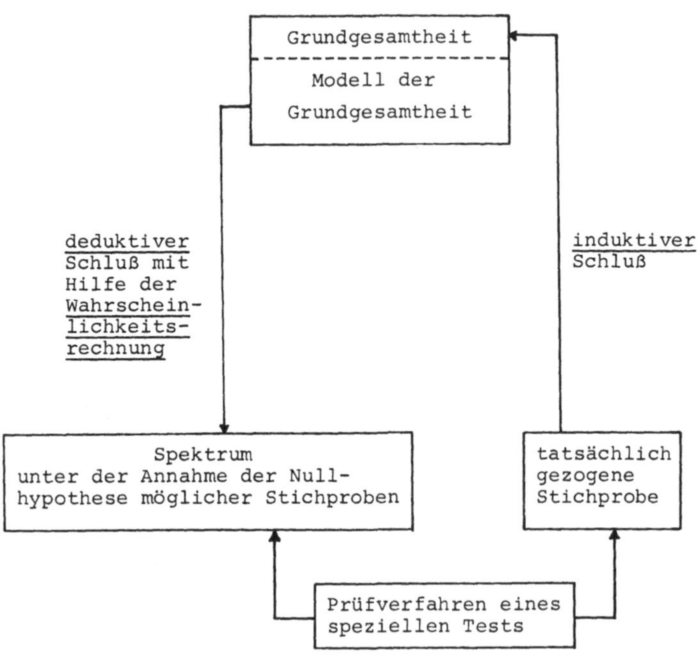

<u>Abbildung 4:</u> Schematische Darstellung eines statistischen Tests

1.5. <u>Die Wahrscheinlichkeitsverteilung der Prüfgröße</u>

Essentiell für das Prüfverfahren eines statistischen Tests
ist die Ableitung der Wahrscheinlichkeitsverteilung einer
Prüfgröße T für den Fall der Geltung der Nullhypothese. Die
Art der Prüfgröße ergibt sich aus der Alternativhypothese,
gegenüber der ein Test sensitiv sein soll. In unserem Beispiel ist der Unterschied in der Fahrtüchtigkeit zwischen
Ehepartnern Gegenstand der Alternativhypothese.

Für jede spezielle Stichprobe muß daher die Prüfgröße den
Grad der unterschiedlichen Reaktionsfähigkeit der Ehepart-
ner im Straßenverkehr anzeigen. Als geeignete Größe, die
diese Forderung erfüllt, bietet bei gegebenem Stichproben-
umfang die Anzahl der besser autofahrenden Ehefrauen, mit
anderen Worten die Anzahl, der mit einem Pluszeichen cha-
rakterisierten Ehepaare, an:

$$T = \sum (+) . \qquad\qquad (6)$$

Die Wahrscheinlichkeitsverteilung der Prüfgröße erhalten
wir durch Berechnung von T für jede einzelne der Stichproben des Spektrums theoretisch möglicher Stichproben und Bestimmung der Verteilung von T über den möglichen Wertebereich. Jedem möglichen Wert der Prüfgröße T wird hierdurch
eine Wahrscheinlichkeit zugeordnet für das rein zufällige
Auftreten dieses Wertes bei Ziehung einer Stichprobe bestimmter Größe.

Um die Prüfverteilung von T für unser Beispiel zu ermitteln,
müssen wir für jede der 64 verschiedenen Stichproben, die
bei der Stichprobengröße n = 6 mit gleicher Wahrscheinlichkeit zu erwarten sind, T berechnen. Auf Seite 22 und 23
sind diese 64 Stichproben zusammen mit dem jeweiligen T-Wert
aufgeführt (Tabelle 1).

Tabelle 1:   Spektrum unter der Annahme der Nullhypothese
             möglichen Stichproben, n = 6

Stichprobe Nr.	Ehepaar						T
	1.	2.	3.	4.	5.	6.	
(1)	+	+	+	+	+	+	6
(2)	−	+	+	+	+	+	5
(3)	+	−	+	+	+	+	5
(4)	+	+	−	+	+	+	5
(5)	+	+	+	−	+	+	5
(6)	+	+	+	+	−	+	5
(7)	+	+	+	+	+	−	5
(8)	−	−	+	+	+	+	4
(9)	+	−	−	+	+	+	4
(10)	+	+	−	−	+	+	4
(11)	+	+	+	+	−	−	4
(12)	−	+	−	+	+	+	4
(13)	+	−	+	−	+	+	4
(14)	+	+	−	+	−	+	4
(15)	+	+	+	−	+	−	4
(16)	−	+	+	−	+	+	4
(17)	+	−	+	+	−	+	4
(18)	+	+	−	+	+	−	4
(19)	−	+	+	+	−	+	4
(20)	+	−	+	+	+	−	4
(21)	−	+	+	+	+	−	4
(22)	+	+	+	−	−	+	4
(23)	−	−	−	+	+	+	3
(24)	+	−	−	−	+	+	3
(25)	+	+	−	−	−	+	3
(26)	+	+	+	−	−	−	3
(27)	−	+	−	−	+	+	3
(28)	+	−	+	−	−	+	3
(29)	+	+	−	+	−	−	3
(30)	−	+	+	−	−	+	3
(31)	+	−	+	+	−	−	3

Stichprobe Nr.	Ehepaar 1.	2.	3.	4.	5.	6.	T
(32)	–	–	+	–	+	+	3
(33)	+	–	–	+	–	+	3
(34)	+	+	–	–	+	–	3
(35)	–	–	+	+	–	+	3
(36)	+	–	–	+	+	–	3
(37)	–	+	+	+	–	–	3
(38)	–	–	+	+	+	–	3
(39)	–	+	–	+	–	+	3
(40)	+	–	+	–	+	–	3
(41)	–	+	+	–	+	–	3
(42)	–	+	–	+	+	–	3
(43)	+	+	–	–	–	–	2
(44)	–	+	+	–	–	–	2
(45)	–	–	+	+	–	–	2
(46)	–	–	–	+	+	–	2
(47)	–	–	–	–	+	+	2
(48)	+	–	+	–	–	–	2
(49)	–	+	–	+	–	–	2
(50)	–	–	+	–	+	–	2
(51)	–	–	–	+	–	+	2
(52)	+	–	–	+	–	–	2
(53)	–	+	–	–	+	–	2
(54)	–	–	+	–	–	+	2
(55)	+	–	–	–	+	–	2
(56)	–	+	–	–	–	+	2
(57)	+	–	–	–	–	+	2
(58)	+	–	–	–	–	–	1
(59)	–	+	–	–	–	–	1
(60)	–	–	+	–	–	–	1
(61)	–	–	–	+	–	–	1
(62)	–	–	–	–	+	–	1
(63)	–	–	–	–	–	+	1
(64)	–	–	–	–	–	–	0

Die Spanne möglicher Werte der Prüfgröße T reicht von T = O
bis T = 6. Durch Auszählen der Besetzungshäufigkeiten der
einzelnen T-Werte erhalten wir eine Häufigkeitsverteilung
von T, die relativen Häufigkeiten geben die Wahrscheinlichkeiten p(T) an, mit denen ein T-Wert einer bestimmten Größe
auch im Falle der Geltung der Nullhypothese erwartet werden
kann. Wir besitzen damit die gewünschte Wahrscheinlichkeitsverteilung der Prüfgröße T, die Prüfverteilung des Tests
(Tabelle 2).

Tabelle 2: Wahrscheinlichkeitsverteilung der Prüfgröße T,
            n = 6

T	f_T	p (T)
O	1	0,0156
1	6	0,0937
2	15	0,2344
3	20	0,3125
4	15	0,2344
5	6	0,0937
6	1	0,0156
$\sum$	64	1,0000

1.6. Annahme- und Ablehnungsbereich der Nullhypothese

Um im Prüfverfahren eines konkreten Tests entscheiden zu
können, ob in der Grundgesamtheit der in der Alternativhypothese spezifizierte Unterschied vorliegt oder ob der
sich in der Stichprobe zeigende Unterschied durch den Zufall
erklärt werden kann, müssen wir den Wertebereich der Prüfgröße T in einen Annahme- und einen Ablehnungsbereich der
Nullhypothese unterteilen.

Kommen wir zurück zu unserem Beispiel. Wir sagten bereits,
daß Stichproben der Größe n = 6, die aus der Grundgesamtheit
aller autofahrenden Ehepaare der Bundesrepublik gezogen werden, durch T-Werte von O bis 6 gekennzeichnet werden können.
Wenn wir die Vermutung, daß die Frauen nicht die besseren
Autofahrer sind, als Nullhypothese und die Annahme, daß
Frauen besser autofahren, als Alternativhypothese bezeichnen (vgl. Formeln 1 und 2), so sprechen relativ hohe T-Werte, d.h. relativ viele Ehefrauen, die bessere Autofahrer als
ihr jeweiliger Ehemann sind, gegen die Geltung der Nullhypothese in der Grundgesamtheit. Relativ kleine T-Werte
lassen es ratsam erscheinen, das für die Stichprobe gewon-
nene Ergebnis auf einen Zufallsfehler zurückzuführen und
die Annahme der Nullhypothese in der Grundgesamtheit als
nicht widerlegt zu betrachten.

Den Bereich dieser relativ kleinen Werte der Prüfgröße T
bezeichnet man als den Annahmebereich der Nullhypothese;
den Bereich der relativ hohen Werte von T bezeichnet man
demgegenüber als den Ablehnungsbereich der Nullhypothese
(auch kritischer Bereich oder kritische Region genannt).

Wenn wir nun beispielsweise festlegen, daß für den Fall,
daß eine beobachtete Stichprobe durch einen relativ hohen T-Wert von T = 5 oder 6 charakterisiert werden kann,
die Ehefrauen - wie in der Alternativhypothese spezifiziert - als die besseren Autofahrer angesehen werden sollen, so haben wir damit in bestimmter Weise den Wertebereich

von T = O bis T = 6 in einen Annahmebereich und einen Ablehnungsbereich der Nullhypothese unterteilt. Der Annahmebereich der H_O besteht aus den Werten T = O, 1, 2, 3 und 4, der Ablehnungsbereich aus den Werten T = 5 und 6. T = 5 bezeichnet man als den <u>kritischen Wert</u> der Prüfgröße T, T_α. Er ist derjenige Wert, der den Ablehnungsbereich vom Annahmebereich der Nullhypothese abgrenzt.

Die Entscheidungsregel lautet dann allgemein:

> Wenn $T < T_\alpha$, dann Annahme der H_O,
>
> wenn $T \geq T_\alpha$, dann Ablehnung der H_O.

Wichtig ist, daß wir unsere Entscheidung nicht mit absoluter Sicherheit treffen können. So müssen wir beim Entscheid <u>gegen die Nullhypothese</u> die Möglichkeit eines Fehlers in Kauf nehmen, da selbst der höchste T-Wert, der für eine beobachtete Stichprobe berechnet werden kann, bei Geltung der Nullhypothese zwar unwahrscheinlich aber immerhin möglich ist.

Die Wahrscheinlichkeit eines solchen Fehlers bezeichnet man als <u>Irrtumswahrscheinlichkeit</u>. Die Irrtumswahrscheinlichkeit α stellt sich dar als die Summe der Wahrscheinlichkeiten derjenigen T-Werte, die den Ablehnungsbereich der Nullhypothese ausmachen[1].

Die Irrtumswahrscheinlichkeit α, die wir bei der beschriebenen Aufteilung des Wertebereichs in unserem Beispiel in Kauf nehmen, beträgt

$$\alpha = p(T=6) + p(T=5) = 0,016 + 0,094 = 0,11.$$

---

[1] Dies gilt genau genommen nur - wie in unserem Beispiel - für diskrete T-Werte.

In <u>Abbildung 5</u> ist das Gesagte im einzelnen graphisch dargestellt.

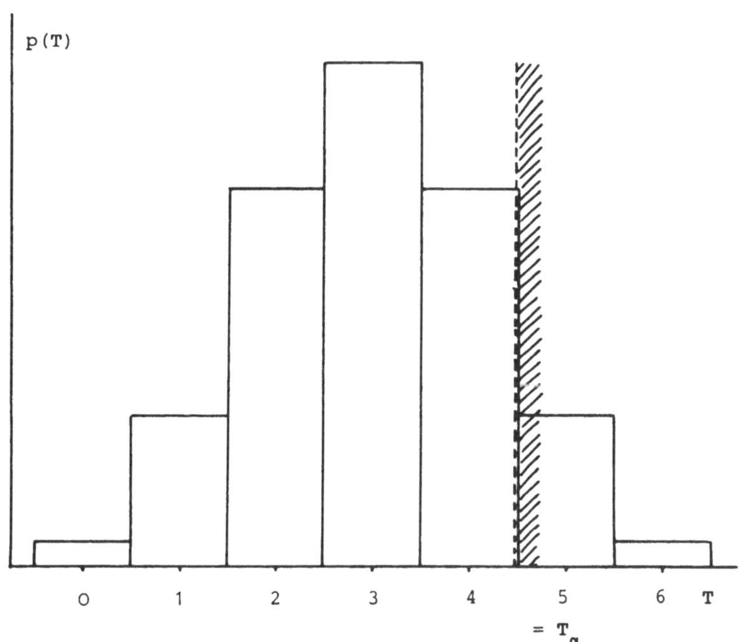

<u>Abbildung 5</u>: Annahme- und Ablehnungsbereich der Null-
hypothese

Nun wird in der Praxis - entgegen der in unserem Beispiel dargestellten Vorgehensweise - die Höhe der Irrtumswahrscheinlichkeit nicht ausgehend von der Aufteilung des Wertebereichs der Prüfgröße bestimmt, vielmehr werden Annahme- und Ablehnungsbereich ausgehend von einer vorgegebenen Höhe der Irrtumswahrscheinlichkeit festgelegt. Die Höhe der Irrtumswahrscheinlichkeit, die in Kauf genommen wird, hängt dabei allein von der subjektiv bestimmten Risikobereitschaft desjenigen ab, der den Test durchführt. Die oben bereits angesprochene unterschiedliche Spezifizierung der Alternativhypothese, je nachdem ob es sich um eine besondere _einseitige_ bzw. um eine _zweiseitige_ Fragestellung handelt, berührt die Lage des Annahme- und den Ablehnungsbereich der Nullhypothese im Wertebereich der Prüfgröße.

Im Falle eines einseitigen Tests zielt die Alternativhypothese nur auf einen der beiden extremen Bereiche, so daß der Ablehnungsbereich der Nullhypothese an einem der beiden Enden des Wertebereichs der Prüfgröße T liegt.

Für die einseitige Fragestellung, die wir in unserem Beispiel behandelten (siehe Formeln 1 und 2), lag der Ablehnungsbereich der Nullhypothese im oberen Wertebereich von T (vgl. Abbildung 5). Die umgekehrte einseitige Fragestellung (siehe Formeln 1a und 2a) führt zu einem Ablehnungsbereich am unteren Ende des Wertebereichs von T.

Haben wir es hingegen mit einer zweiseitigen Fragestellung zu tun (siehe Formeln 1b und 2b), so werden wir von den zwei extremen Enden her die Aufteilung des Wertebereichs der Prüfgröße vornehmen - konventionell so, daß die Irrtumswahrscheinlichkeit jeweils $(\frac{\alpha}{2})$ beträgt. Der Annahmebereich der Nullhypothese ist dann der mittlere Wertebereich, während der Ablehnungsbereich aus den zwei extremen Wertebereichen an den beiden Enden des gesamten Wertebereichs der Prüfgröße besteht. Infolgedessen haben wir es mit zwei kritischen T-Werten zu tun.

Entsprechende Modifizierungen sind bei der Entscheidungsregel vorzunehmen. Wir werden hierauf bei der Darstellung der einzelnen Testverfahren näher eingehen.

1.7. <u>Fehler erster und Fehler zweiter Art, Teststärke</u>

Bei unserer Entscheidung für oder gegen die Nullhypothese
ist jedoch nicht nur ein Fehler möglich, der darin besteht,
daß wir einen relativ hohen T-Wert als Anzeichen für einen
in der Grundgesamtheit bestehenden Unterschied ansehen und
die Nullhypothese ablehnen, obwohl er nur auf dem Zufallsfehler der Auswahl beruht. Vielmehr können wir auch in dem
Fall, in dem wir uns für die Nullhypothese entscheiden,
einen Fehler insoweit begehen, als ein relativ kleiner Wert
der Prüfgröße, der uns zur Annahme der Nullhypothese veran-
laßt, nicht Ausdruck des Zufalls ist, sondern einem in der
Grundgesamtheit tatsächlich bestehenden Unterschied entspricht. Hatten wir soeben bei einer Fehlentscheidung mit
einem <u>Fehler erster Art</u> zu tun (auch α-Fehler oder Risiko I
genannt), so liegt jetzt ein <u>Fehler zweiter Art</u> (auch
β-Fehler oder Risiko II genannt) vor. Wir nehmen dann die
Nullhypothese an, obwohl sie falsch ist. Ein tatsächlich
in der Grundgesamtheit bestehender Unterschied wird als
solcher durch den Test nicht erkannt.

Entspricht die Wahrscheinlichkeit des Fehlers erster Art,
das Risiko die Nullhypothese zu verwerfen, obwohl sie richtig ist, der Irrtumswahrscheinlichkeit α, die durch den
mehr oder weniger subjektiven Entscheid des Forschers festgelegt wird, so hat die Wahrscheinlichkeit eines Fehlers
zweiter Art, β, mehrere Bestimmungsgründe. Dies ist einmal
der tatsächlich <u>in der Grundgesamtheit bestehende Unter-
schied</u>. Je größer dieser ist, desto eher wird er vom Test
registriert. Ebenfalls ist der Fehler zweiter Art von der
<u>Größe der Stichprobe</u> bedingt. Je größer die Stichprobe,
desto geringer der Standardfehler, d.h. desto eher entspricht die Stichprobe der Grundgesamtheit, desto eher wird
sie somit einen in der Grundgesamtheit bestehenden Unterschied ebenfalls enthalten. Auch die <u>Irrtumswahrscheinlich-
keit</u> α hat auf den Fehler zweiter Art Einfluß, da durch

sie die Aufteilung des Wertebereichs der Prüfgröße in
einen Ablehnungs- und einen Annahmebereich der Nullhypothese erfolgt. α ist dabei zwar nicht das logische Komplement
zu β. Beide Fehler verhalten sich jedoch bezüglich ihrer
Größe antagonistisch zueinander: ist α groß, so ist β (ce-
teris paribus) klein; ist α klein, so ist β groß.

Ist β die Wahrscheinlichkeit für den Fehler zweiter Art,
d.h. die Wahrscheinlichkeit eine falsche Nullhypothese
beizubehalten, so zeigt die entsprechende Gegenwahrschein-
lichkeit $(1 - \beta)$, die Fähigkeit eines Tests an, einen in
der Grundgesamtheit tatsächlich bestehenden Unterschied
anzuzeigen, d.h. die richtige Alternativhypothese zu er-
kennen. Diese Fähigkeit wird als _Teststärke_ oder _Trennschär-
fe_ des Tests bezeichnet. Bei festliegender Irrtumswahrscheinlichkeit und Stichprobengröße wird ein starker Test in der
Lage sein, bereits kleine Unterschiede in der Grundgesamtheit anzuzeigen, ein schwacher Test hingegen wird erst einen
größeren in der Grundgesamtheit bestehenden Unterschied als
solchen identifizieren.

1.8. Randomisierungsverfahren und Prüfverteilungen nicht-parametrischer Tests

Das beschriebene Vorgehen bei der Konstruktion der Prüfverteilung von T entspricht dem bei nichtparametrischen Tests.
Wichtig dabei ist, daß die Prüfverteilung abgeleitet wurde,
ohne daß eine Annahme über die Verteilung des Merkmals in
der Grundgesamtheit gemacht werden mußte. Bei der vorgeführten Methode der Ermittlung einer Prüfverteilung kommt
das auf R.A. FISHER zurückgehende Verfahren der Randomisierung zur Anwendung. Unter Randomisierung versteht man
das zufällige Verteilen von Einheiten einer Menge über ein
endliches Universum von Möglichkeiten. Dabei ist jede dieser Zuordnungen eine der logisch möglichen Abfolgen, in
die die Einheiten gebracht werden können. Es handelt sich
um die möglichen Permutationen.

Das Verfahren der Randomisierung bildet nicht nur die logische Basis nichtparametrischer Tests, auch Signifikanztests, die die Normalverteilungsannahme erfordern, beziehen ihre Gültigkeit von der Randomisierung her (KEMPTHORNE, 1955, 947). Für den Gebrauch von Wahrscheinlichkeitsmodellen ist sie für die verteilungsfreie Statistik genauso grundlegend wie für die parametrische. Die FISHER'sche Randomisierungsmethode ist darüber hinaus genügend flexibel, um sie im Hinblick auf unterschiedliche Alternativhypothesen und Meßniveaus anwenden zu können. Auf der Grundlage dieses Prinzips sind z.B. von E.J.G. PITMAN Randomisierungstests entwickelt worden, die von Meßwerten direkt ausgehen. Es handelt sich hierbei um sehr leistungsfähige Tests. Sie setzen jedoch voraus, daß die vorliegenden Stichproben genaue Abbilder der zugehörigen Grundgesamtheiten sind. Man spricht daher auch von bedingten Tests. Diese bedingten Tests unterscheiden sich von sogenannten unbedingten Tests dadurch, daß sie eine von den jeweils beobachteten Stichprobenwerten abhängige Prüfverteilung besitzen. Die Prüfprozedur ist gewöhnlich sehr lang und mühsam, da es nicht möglich ist, ein für allemal entsprechende Tabellen von Prüfverteilungen zu erstellen.

Die Methode der Randomisierung ist somit in ihrer Anwendung auf Meßwerte äußerst unpraktisch. Da die erhobenen Meßwerte von Stichprobe zu Stichprobe variieren, werden sich auch die möglichen Werte der Prüfgröße von einer Stichprobe zur anderen unterscheiden. Wäre dies nicht der Fall, so könnte man ein für allemal die Prüfverteilung berechnen und diese dann für weitere Anwendungen des Tests immer wieder heranziehen.

Wenn wir jedoch z.B. den tatsächlichen Meßwert einer Untersuchungseinheit nur zur Bestimmung ihrer relativen Position in der Stichprobe heranziehen und aufgrund dessen die Einheiten der Stichprobe in eine Rangfolge bringen, so werden sich diese Werte bei festliegenden Stichprobenumfängen nicht mehr von Stichprobe zu Stichprobe unterscheiden. Alle weiteren Analysen basieren dann auf diesen Rangdaten und nicht auf den tatsächlich erhobenen Meßwerten. Durch diese Transformation wird der Wertebereich der Prüfgröße T standardisiert. Für Stichproben einer bestimmten Größe können einheitlich Prüfverteilungen für den Fall der Geltung der Nullhypothese abgeleitet werden. Im Gegensatz zu den tatsächlich erhobenen Meßwerten variieren die diesen zugeordneten Ränge bei gegebenen Stichprobengrößen <u>nicht</u>. Bei der Anwendung der Methode der Randomisierung auf Rangwerte reicht es infolgedessen,für spezifische Stichprobenumfänge die jeweiligen Wahrscheinlichkeitsverteilungen der Prüfgröße zu berechnen. Solche Wahrscheinlichkeitsverteilungen können immer wieder in Anwendung gebracht werden. Dies erhöht die Praktikabilität solcher Rang-Randomisierungstest beträchtlich.

Doch nicht nur die Rechenökonomie ist das Entscheidende beim Übergang von den Meßwerten zu den ihnen entsprechenden Rängen. Wichtig ist, daß aus den <u>bedingten</u> Randomisierungstests, die nur in der Stichprobe enthaltene Information verarbeiten, ein <u>unbedingter</u> Test wird. Diese Tests werden als Rangtests bezeichnet. Es kann mathematisch bewiesen werden, daß diese Tests verteilungsfrei sind (vgl. MOOD, 1950, 385-387; WILKS, 1959, 334-336; GIBBONS, 1971, 23-24). Es wird lediglich vorausgesetzt, daß die Verteilung des in Frage stehenden Merkmals in der Grundgesamtheit kontinuierlich ist.

Rangtests sind beim Vorliegen von Ordinaldaten die angemessenen Verfahren. In diesem Falle handelt es sich bei den ursprünglichen Meßwerten um natürliche Ränge. Im Falle des Vorliegens metrischer Skalen (Intervallskalen, Verhältnisskalen) werden jedoch die Vorteile einer Transformation der tatsächlichen Werte in Ränge durch einen Informationsverlust erkauft, der die Stärke des Tests naturgemäß herabmindert; der Test ist weniger sensitiv gegenüber den interessierenden Abweichungen von der Nullhypothese.

Neben Meßwerten und Rängen gibt es aber noch eine dritte
Form, in der Daten vorliegen können: <u>Häufigkeitsziffern</u>.
Pro Merkmalsklasse kann eine bestimmte Anzahl von Untersuchungseinheiten durch die jeweilige Merkmalsausprägung charakterisiert werden. Wenn wir beispielsweise eine Stichprobe von Studenten nach dem von ihnen angestrebten Studienab-
schluß kennzeichnen, so erhält man eine bestimmte Häufigkeit
derjenigen, die das Diplom, eine bestimmte Häufigkeit, die die
Promotion anstreben, usw. Im statistischen Test können solche Häufigkeitsziffern wie Ränge und Meßwerte verarbeitet
werden. Die Ableitung von Prüfverteilungen erfolgt wie bei
Meßwerten und Rängen nach dem Prinzip der Randomisierung. Dabei spielt es keine Rolle, ob es sich,wie in unserem Beispiel,um echte kategoriale Merkmale, d.h. Nominalskalen, handelt, oder ob sich die Häufigkeitsziffern ergeben, nachdem
wir Meßwerte oder Ränge in Merkmalsklassen gruppiert haben.
Letzteres liegt beispielsweise dann vor, wenn wir alle Untersuchungseinheiten in eine Merkmalsklasse zusammenwerfen, die
Meßwerte erreicht haben, die kleiner bzw. größer als das
arithmetische Mittel der Verteilung sind, wenn wir "dichoto-
misieren". Gebräuchliche nichtparametrische Tests beruhen
auf Häufigkeitsziffern, die dadurch erreicht werden, daß man
bei Rangdaten eine "Dichotomisierung" am Median der Verteilung vornimmt.

Doch betrifft dies alles nicht nur <u>dichotome</u> Merkmalsklassen,
sondern wie im Falle echter kategorialer Merkmale auch <u>poly-
tome</u> Merkmale. Bei <u>echten</u> kategorialen Merkmalen sind statistische Verfahren, die Häufigkeitsziffern verarbeiten, die
einzig angemessenen Prozeduren. Wenn jedoch Meßwerte oder
Rangdaten durch Gruppierung in Häufigkeiten transformiert
werden, geht zum Teil die in den Ursprungsdaten enthaltene
Information verloren. Wie im Falle des Übergangs von Meßwerten zu Rangdaten mindert dies die Stärke des Tests. Allerdings ist dies auch hier der Preis für eine allgemeinere Verwendung des jeweiligen Tests. So entfällt wie bei der Trans-

formation von Meßwerten in Ränge nach dem Übergang von Meßwerten auf Häufigkeitsziffern die Notwendigkeit der Ableitung von eigenen Prüfverteilungen pro Testdurchführung. Die
sich daraus ergebende Rechenökonomie liegt auch noch beim
Übergang von Rangdaten auf Häufigkeitsziffern vor, da jetzt
der _Typ_ der Prüfverteilung auch noch von der Stichprobengröße unabhängig ist. Die Anzahl der kategorialen Merkmalsklassen bestimmt allein den Verteilungstyp der Prüfgröße.
Beispielsweise ist dies bei einem zweiklassigen Merkmal eine
Binomialverteilung bzw. eine _hypergeometrische Verteilung_,
bei einem mehrklassigen Merkmal die _Polynomialverteilung_
(Multinomialverteilung) bzw. die _multivariate hypergeometri-_
sche Verteilung. Auch diese Verteilungen können nach dem
Prinzip der Randomisierung abgeleitet werden.

2. Statistisches Modell und Stärke eines Tests.

Sind die soeben aufgeführten Bestimmungsgründe des Fehlers zweiter Art und damit der Stärke eines Tests für eine konkrete Anwendung des Tests spezifisch, so muß man davon Eigenarten des Tests unterscheiden, die unabhängig von der gegebenen Stichprobengröße, der Irrtumswahrscheinlichkeit und dem in der Grundgesamtheit vorliegenden Unterschied seine Stärke bestimmen.

Diese Eigenarten ergeben sich aus dem statistischen Modell, das dem Test zugrunde liegt und das anhand entsprechender Modellannahmen charakterisiert werden kann. Auf diesen Modellannahmen beruht der von der Grundgesamtheit ausgehende wahrscheinlichkeitstheoretische Schluß, von dem der von den Beobachtungen an der Stichprobe ausgehende inferenzstatistische Schluß von der Stichprobe auf die Population abgeleitet ist. Je präziser Annahmen möglich sind, desto genauer lassen sich die Resultate des Testverfahrens fassen, desto größer ist die Trennschärfe des Tests.

2.1. Verteilungsannahmen

Wenn wir von der grundlegenden Annahme der zufälligen Auswahl der Stichproben absehen, sind die in dem hier interessierenden Zusammenhang wesentlichen Annahmen solche über die Verteilung des in Frage stehenden Merkmals in der Grundgesamtheit. Je mehr Eigenschaften der Grundgesamtheit aufgrund plausibler Theorien, sachlogischer Überlegungen oder aus früheren Erfahrungen wenigstens in groben Zügen bekannt sind, desto eher können solche Annahmen gemacht werden.

Im günstigsten Falle sind wir berechtigt anzunehmen, daß die in der Regel unbekannt empirische Häufigkeitsverteilung des Merkmals in der Grundgesamtheit, aus der die Stichprobe gezogen wurde, einer bestimmten theoretischen Verteilung, z.B. der Normalverteilung entspricht. Alle weiteren Ableitungen des Tests basieren dann auf der wesentlichen Voraussetzung, daß die theoretische Verteilung durch einzelne Kennziffern, Parameter, eindeutig charakterisiert werden kann. Somit ist es möglich, den Test ausschließlich auf den Wert eines solchen Parameters zu beziehen. Man nennt solche Prüfverfahren daher parametrische Tests.

Die klassischen statistischen Testverfahren gehen u.a. von der Annahme eines in der Grundgesamtheit normalverteilten Merkmals aus. Sind z.B. die Annahmen eines t-Tests (neben der Normalverteilungsannahme muß auch die der Varianzgleichheit gemacht werden. Zum t-Test vgl. SAHNER, 1971) erfüllt, so ist dieses Verfahren das beste, das zur Prüfung eines Unterschiedes in der Lage von Verteilungen (siehe Abschnitt 4.1) zur Verfügung steht. Anhand der Stichprobenbeobachtungen können Mittelwerte als Kennwerte der Lage berechnet und mit dem entsprechenden Standardfehler bewertet werden, der ebenfalls aus den Stichprobenbeobachtungen unter den aufgeführten Annahmen geschätzt werden kann.

Diese Eigenschaft, der beste Test zu sein, hat der t-Test jedoch nur unter den oben angegebenen Voraussetzungen. Mithin ist der Aussagewert von Testergebnissen in erster Linie davon abhängig, wie berechtigt Verteilungsannahmen sind.

Nun ist die Vermutung eines normalverteilten Merkmals eine sehr strenge Annahme, die, zumal in den Sozialwissenschaften, nur in den seltensten Fällen erfüllt sein dürfte. Will man trotz fehlender Begründung einer bestimmten Verteilung des Merkmals in der Grundgesamtheit z.B. einen Unterschied in der Lage als statistisch signifikant nachweisen, so wird man auf Verfahren zurückgreifen, die diese strenge Annahme nicht voraussetzen. Mit Hilfe dieser Verfahren ist es möglich, Verteilungen zu vergleichen, ohne daß ihre Form bekannt ist. Da es sich um Vergleiche von Verteilungen und nicht von Parametern handelt, werden diese Verfahren als parameterfreie oder nichtparametrische Verfahren bezeichnet. Die universelle Anwendungsmöglichkeit nichtparametri-

scher Verfahren wird allerdings mit einer Verringerung der
Trennschärfe des Tests erkauft.

2.2. <u>Nichtparametrisch versus verteilungsfrei</u>

Neben der Bezeichnung "nichtparametrisch" ist auch die als
<u>verteilungsfreie</u> Verfahren gebräuchlich.

Obwohl diese beiden Begriffe zur Bezeichnung aller dieser
Verfahren alternierend gebraucht werden, bedeuten sie kei-
neswegs das gleiche. Ja man kann sagen, daß sie in ihrer un-
differenzierten Verwendung jeweils bezogen auf ein beson-
deres Verfahren häufig sogar falsch sind.

Dies hängt einmal damit zusammen, daß der Begriff "Parameter" in der Literatur uneinheitlich verwendet wird. Wenn
er jede Kennzahl einer Verteilung bezeichnet, so ist es sicherlich falsch, die Bestimmung eines Konfidenzintervalls
für den Median einer Verteilung zu den nichtparametrischen
Methoden zu zählen. Ist der Begriff Parameter jedoch ausschließlich Größen vorbehalten, die explizit zur Spezifizierung eines Verteilungstyps einer Zufallsvariablen herangezogen werden können, wie z.B. Mittelwert und Varianz im Falle
einer Normalverteilung, so ist die Zuweisung von Verfahren,
in denen der Median als Kennzahl eine Rolle spielt, zu den
nichtparametrischen Verfahren richtig (vgl. NOETHER, 1967 a,
41).

Auch beim Begriff verteilungsfrei sind wir mit ähnlichen
Problemen konfrontiert. Statistische Prüfverfahren beruhen
immer auf Prüfverteilungen und sind in diesem Sinne nie
"verteilungsfrei". Ohnehin müssen wir bei der Diskussion
statistischer Prüfverfahren zwischen drei verschiedenen Verteilungen unterscheiden:

- Die Verteilung der beobachteten Einheiten der <u>Stichprobe</u>
  über die Ausprägungen des in Frage stehenden Merkmals.

- Die Verteilung der <u>Prüfgröße</u> und schließlich

- die Verteilung des Merkmals in der <u>Grundgesamtheit</u>.

Die Verteilung, von der ein Test frei ist, ist die zuletzt
genannte Verteilung des Merkmals in der Grundgesamtheit und
auch hier kann es sich nur um eine relative Freiheit handeln,
da auch im Falle verteilungsfreier Verfahren nicht auf jede
Annahme verzichtet werden kann. So wird auch hier oft von
der Voraussetzung ausgegangen, daß z.B. die Verteilung der
jeweiligen Population über ein kontinuierliches Merkmal vorliegt. Gleichfalls sind für bestimmte verteilungsfreie Prüfverfahren bestimmte Verteilungstypen optimal (vgl. HAJEK,
1969, 43/44).

Angesichts dieser Schwierigkeiten liegen eine Reihe von Ver-
suchen vor, das Problem durch eine neue Bezeichnung der Verfahren rein terminologisch zu lösen. Der unserer Ansicht nach
beste Vorschlag in dieser Hinsicht nennt die hier zu behan-
delnden Verfahren "assumption freer statistics" (URY, 1967,
53), was mit <u>voraussetzungsärmere Verfahren</u> treffend über-
setzt werden kann. Was die Bezeichnung angeht, wollen wir
allerdings im folgenden trotz der aufgewiesenen Problematik
nicht von dem inzwischen eingespielten Brauch abweichen und
abwechselnd von nichtparametrischen oder von verteilungsfrei-
en Verfahren sprechen. Daß mit einer neuen Benennung das
eigentliche Problem ohnehin nicht aus der Welt geschafft
ist, wird im weiteren deutlich werden.

2.3. <u>Skalenniveau</u>

Die Möglichkeit der treffsicheren Charakterisierung von Ver-
teilungsaspekten durch Parameter wird unabhängig von der An-
gemessenheit des statistischen Verteilungsmodells wesentlich
bestimmt durch die Ebene des Messens, die für das in Frage

stehende Merkmal maßgebend ist. Man unterscheidet dabei zwischen folgenden Merkmalstypen:

- klassifikatorische Merkmale (Nominalskala)

- komparative Merkmale (Ordinalskala)

- metrische Merkmale (Intervallskala bzw. Verhältnisskala).

(Vgl. zur Erläuterung der Einteilung der Merkmale nach dem Skalenniveau z.B. Bd. 1 dieser Reihe, BENNINGHAUS, 1974.)

Parameter i.S. unserer engeren Definition sind zweifellos nur für metrische Merkmale sinnvoll. Unabhängig vom Verteilungsmodell ist daher bei klassifikatorischen und komparativen Merkmalen eine genaue Charakterisierung des Aspekts,auf den sich die Prüfung bezieht, nicht möglich. Hier können jedoch nichtparametrische Verfahren in Anwendung gebracht werden, die Daten jeder Art verarbeiten, gleichgültig, ob es sich um Meßwerte, Rangdaten oder klassifizierende Informationen handelt. Nichtparametrische Tests sind somit auch in dieser Beziehung die voraussetzungsärmeren Verfahren.

An dieser Stelle wird die von KENDALL und SUNDRUM (1953), eingeführte Unterscheidung zwischen nichtparametrischen Hypothesen und verteilungsfreien Testverfahren relevant. Nach KENDALL und SUNDRUM können Prüfverfahren weder nichtparametrisch noch parametrisch sein, dies seien allenfalls die Hypothesen, die getestet werden sollen. Die Prüfverfahren seien hingegen verteilungsfrei oder verteilungsgebunden. Nichtparametrisch ist somit die Beschreibung eines Problems (z.B. Besteht ein Unterschied in der Lage von Verteilungen?), während verteilungsfrei eine Methode zur Lösung des Problems kennzeichnet (Prüfverfahren für den Unterschied in der Lage).

Die Gültigkeit eines statistischen Tests als parametrisches Verfahren hängt folglich zwar nur von der Erfüllung der Annahmen des Verteilungsmodells ab. Demgegenüber bezieht sich

die <u>Annahme über das Skalenniveau</u> auf die zu testende Hypothese. Ob diese empirisch sinnvoll formuliert werden kann,
hängt seinerseits von der Sinnhaftigkeit entsprechender Kennziffern und somit vom Skalenniveau des betrachteten Merkmals
ab.

Obwohl in den Modellannahmen eines Verfahrens nicht explizit
ein bestimmter Skalentyp angeführt werden muß, kann die Nicht-
beachtung der meßtheoretischen Voraussetzungen zur Formulierung empirisch sinnloser Hypothesen führen, die das Ergebnis
des Tests per Saldo ungültig machen. Bei der Entscheidung
für oder gegen ein statistisches Prüfverfahren ist es daher
angebracht, den Annahmen über das Meßmodell die gleiche Bedeutung zuzuerkennen wie den Verteilungsannahmen, obwohl nur
die letzteren die eigentlichen Modellannahmen des statistischen Tests sind.

3. <u>Nichtparametrische Verfahren - ihre Vor- und ihre Nach-</u>
   <u>teile</u>

Nach dem Gesagten wollen wir nichtparametrische bzw. verteilungsfreie statistische Verfahren als Verfahren bezeichnen,

- (a) die bereits auf der Ebene des nominalen oder des
      ordinalen Messens Verwendung finden können und

- (b) die bezüglich der Verteilungsfunktion des Merk-
      mals in der Grundgesamtheit keine strengen Annah-
      men machen.

Hieraus kann entnommen werden, daß sich das Hauptmotiv der
Verwendung nichtparametrischer anstelle der klassischen parametrischen Verfahren aus der Notwendigkeit ergibt, die mit
letzteren verbundenen stringenten Verteilungsannahmen zu um-
gehen. Die in den Sozialwissenschaften vorgefundene Datenlage entspricht in der Regel nicht den Voraussetzungen der parametrischen statistischen Modelle. Insbesondere im Falle
kleiner Stichproben kann die Ungewißheit über die Verteilung
des Merkmals in der Grundgesamtheit in den seltensten Fällen
ausgeräumt werden. Hier dürften die nichtparametrischen Verfahren gegenüber den klassischen Verfahren eindeutig einen
Vorrang besitzen.

Ein weiterer Vorteil, der mit dem zuerst genannten in der
oben geschilderten Weise zusammenhängt, besteht darin, daß
nichtparametrische Verfahren bei nominalskalierten und bei
ordinalskalierten Merkmalen Verwendung finden können. Die
Möglichkeit der statistischen Verarbeitung von Rangplätzen
und reinen Häufigkeitsinformationen wird somit durch diese
Verfahren sichergestellt.

Nichtparametrische Verfahren haben darüber hinaus eine Menge
weiterer Vorzüge. Das statistische Konzept nichtparametrischer Verfahren ist im Vergleich zu dem der parametrischen
verhältnismäßig einfach und leicht abzuleiten.Im großen und

ganzen handelt es sich um direkte Anwendungen der Grundprinzipien der Wahrscheinlichkeitstheorie und der Kombinatorik. Nichtparametrische Verfahren bieten somit dem Sozialwissenschaftler, der normalerweise keine grundlegende mathematische Ausbildung besitzt, die Möglichkeit, die Logik des Verfahrens vom Grunde auf zu verstehen. So wurde verschiedentlich vorgeschlagen, den Weg der Einführung in die Statistik über die nichtparametrischen Verfahren anstatt wie bislang die Regel über die parametrischen zu gehen (z.B. KRAFT und VAN EEDEN, 1968, VII; NOETHER, 1967 b; CONOVER, 1971, V). Dieser Vorzug sollte angesichts der didaktischen Vorteile beim Lehren und Lernen dieser Verfahren nicht zu gering eingeschätzt werden. In jedem Falle ist ein sogenannter "Kochbuchansatz" beim Erlernen der Verfahren nicht vonnöten. Insbesondere dies verringert die Gefahr der falschen und unüberlegten Anwendung der jeweiligen Prozeduren, darüber hinaus versetzt das tiefere Verständnis der logischen Hintergründe den Benutzer in den Stand, wenn nötig, der spezifischen Datenlage angemessene Modifikationen der vorgegebenen Verfahren vorzunehmen (Vorteil der Flexibilität). Es kommt so nicht von ungefähr, daß bestimmte nichtparametrische Verfahren, wie z.B. der FRIEDMAN-Test (vgl. Abschnitt 5.5), von Sozialwissenschatlern entwickelt wurden, die nach einer ihrem Forschungsbereich adäquaten Prozedur suchten.

Da die Rechenvorschriften der Verfahren unmittelbar aus dem mathematisch-statistischen Konzept folgen, sind sie ebenfalls einfacher anzuwenden als bei den parametrischen Verfahren. Hieraus resultiert eine gewisse Rechenökonomie. Das hierzu Gesagte muß allerdings in Bezug auf große Stichproben eingeschränkt werden. Deren Auswertung anhand nichtparametrischer Tests bringt unverhältnismäßig viel Rechenaufwand mit sich. Allerdings ist gerade bei großen Stichproben eine annäherungsweise Auswertung möglich, auf deren Problematik wir an anderer Stelle zurückkommen werden. Die

angesprochene Problematik gilt jedoch primär für Rangtests
und weniger für Verfahren, die auf einfachem Auszählen beruhen.

Als weiterer Vorteil nichtparametrischer Verfahren wird die
Tatsache gewertet, daß exakte Wahrscheinlichkeiten für jeden Wert der Prüfgröße T vorliegen. Dies hängt mit der Tatsache zusammen, daß die Prüfverteilung im nichtparametrischen
Test eine diskrete Prüfverteilung ist. Hieraus ergibt sich
jedoch ein Nachteil. Es ist geradezu unmöglich, ein festge-
legtes α als Irrtumswahrscheinlichkeit zu wählen. Nur eine
kontinuierliche Prüfverteilung erlaubt es, von einem vorgegebenen Wert der Irrtumswahrscheinlichkeit auszugehen. Diese Schwierigkeit gilt insbesondere bei kleinen Stichproben
und wird besonders problematisch beim Vergleich von Stichproben unterschiedlicher Größe (BRADLEY, 1972, 336). Hingegen dürften im Falle großer Stichproben diese Unterschiede
zwischen parametrischen und nichtparametrischen Verfahren
nicht bestehen. Dies hebt den geschilderten Nachteil keinesfalls auf, da nichtparametrische Tests die für kleine Stichproben adäquaten Verfahren sind.

Als wesentlicher Nachteil der nichtparametrischen Verfahren
gegenüber den parametrischen wird auch deren geringe Teststärke genannt. Allerdings ist diese nur dann gegeben, wenn
die für die Anwendung der parametrischen Verfahren notwen-
digen Voraussetzungen gegeben sind. Nur in diesem Falle ver-
schleudert man durch die Anwendung nichtparametrischer Verfahren tatsächlich Informationen. Sind die Voraussetzungen
der Anwendung parametrischer Verfahren jedoch nicht vorhanden, so ist es sinnlos über die größere Teststärke dieser
Verfahren gegenüber den nichtparametrischen Verfahren zu
spekulieren. Hier sind lediglich nichtparametrische Verfahren angemessen; die parametrischen Verfahren sind es nicht.

Darüber hinaus wird von MOSTELLER und BUSH (1954, 312) eine generell höhere ökonomische Effizienz der nichtparametrischen Verfahren behauptet. Da nichtparametrische Tests in der Lage sind, Daten geringer Qualität zu verarbeiten, sind die Kosten der Datenerhebung hier erheblich niedriger.

4. Spezifizierung der Alternativhypothese und Prüfgröße des Tests

Im Mittelpunkt eines statistischen Tests steht die Prüfgröße T. In ihr soll sich der Sachverhalt niederschlagen, der denjenigen, der den Test durchführt, interessiert. Der Wert der Prüfgröße wird für die beobachtete Stichprobe errechnet, und auf dem Hintergrund des Spektrums der Werte, die die Prüfgröße rein zufällig annehmen kann, ihrer Prüfverteilung, beurteilt. Die spezifische Konstruktion einer Prüfgröße ergibt sich aus der Art der Einschränkung der Alternativhypothese. Diese Einschränkung bestimmt die spezifische Abweichung von der Nullhypothese, gegenüber der der Test sensitiv sein soll. Anhand der Nullhypothese selbst kann eine Einschränkung auf bestimmte interessierende Sachverhalte nicht vorgenommen werden, da die Nullhypothese nur auf das Nichtbestehen eines Unterschiedes hin formuliert ist.

4.1. Parametrische Spezifizierung: Test mit eingeschränkter Alternativhypothese

Die gebräuchlichsten Arten von Tests sind in diesem Zusammenhang:

- Tests, die auf Unterschiede der <u>Lage</u> und

- Tests, die auf Unterschiede in der <u>Streuung</u>

ansprechen.

In unserem Ausgangsbeispiel handelt es sich um eine Alternativhypothese, in der ein Unterschied in der Lage der beiden zu vergleichenden Populationen formuliert ist. Wenn wir die Verteilung der autofahrenden Ehemänner in der Grundgesamtheit mit $F_M(x)$ und die der Frauen mit $F_F(x)$ bezeichnen, so lautet allgemein die Nullhypothese

$$H_O : F_M(x) = F_F(x) \qquad (7)$$

Beim Prüfen von Unterschieden in der zentralen Tendenz wird untersucht, ob sich die beiden Grundgesamtheiten in der Lage unterscheiden. Ist es nun möglich, die spezifische Lage der Verteilungen in der Grundgesamtheit ausgehend von den Stichprobenbeobachtungen anhand einer Parameterschätzung zu charakterisieren, so ist es im Hinblick auf eine gute Trennschärfe sinnvoll, die Alternativhypothese des Tests als Vergleich von Parametern auszudrücken. Die Alternativhypothese ist dann als ein Vergleich der Lageparameter der beiden Verteilungen, Θ_M und Θ_F, formuliert:

a) für die zweiseitige Fragestellung

$$H_a : \Theta_M \neq \Theta_F \tag{8}$$

b) für die einseitige Fragestellung

$$H_a : \Theta_M > \Theta_F \text{ bzw. } \Theta_M < \Theta_F \tag{9}$$

Angemessener parametrischer Test ist bei Erfüllung entsprechender Modellannahmen ein t-Test (vgl. zum t-Test z.B. SAHNER, 1971). Die Prüfgröße eines solchen Tests ist sensitiv bezüglich unterschiedlicher zentraler Tendenz von Verteilungen.

Eine andere mögliche Alternativhypothese ist die Vermutung, daß sich Männer und Frauen nicht hinsichtlich ihrer durchschnittlichen Fahrtüchtigkeit unterscheiden, jedoch z.B. Männer bezüglich ihres Fahrverhaltens homogener sind als Frauen. Dies ist eine Alternativhypothese, die auf Unterschiede in der Streuung zwischen den Populationen spezifiziert ist (in der vorliegenden Formulierung handelt es sich um eine einseitige Fragestellung).

Parametrisch läßt sich diese Alternativhypothese als Vergleich der Streuungsparameter der beiden Verteilungen, Θ_M und Θ_F, spezifizieren:

a) für die zweiseitige Fragestellung

$$H_a \; : \; \frac{\Theta_M}{\Theta_F} \neq 1 \tag{10}$$

b) für die einseitige Fragestellung[1]

$$H_a \; : \; \frac{\Theta_M}{\Theta_F} > 1 \quad \text{bzw.} \quad \frac{\Theta_F}{\Theta_M} > 1 \tag{11}$$

Ein angemessener parametrischer Test ist hier der F-Test, dessen Prüfgröße auf diesen besonderen Unterschied anspricht (vgl. zum F-Test z.B. SAHNER, 1971).

4.2. Nichtparametrische Spezifizierung: Test mit uneingeschränkter Alternativhypothese

Oft wird es aber wegen Nichterfüllung der Verteilungsannahmen und Skalenvoraussetzung nicht möglich sein, den Test auf den Vergleich von Parametern zu beziehen, da die Verteilungen nicht durch auf Stichprobenbeobachtungen beruhende Parameterschätzungen eindeutig charakterisiert werden können. Die Alternativhypothese kann folglich nur allgemein als Ungleichheit der Verteilungen formuliert werden:

$$H_a \; : \; F_M(x) \neq F_F(x) \tag{12}$$

Die Prüfung im Hinblick auf einen bestimmten Verteilungsaspekt, wie die Lage und Streuung, ist dann nicht möglich: sie bezieht sich auf die gesamte Verteilungsform. Testziel ist die Entdeckung von Verteilungsdifferenzen jedweder Art. Die Alternativhypothese ist in diesem Falle uneingeschränkt, weil sowohl Unterschiede in der zentralen Tendenz zwischen

---

1) Der üblichen Prüfweise entsprechend steht der erwartet größere Streuungsparameter im Zähler des Bruches.

den zu vergleichenden Verteilungen als auch Unterschiede in
der Streuung - beide allein oder auch in Kombination miteinander - und auch andere Unterschiede zur Ablehnung der Nullhypothese führen können. Eine Bestätigung der Nullhypothese
kann somit nur dahingehend interpretiert werden, daß die zu
vergleichenden Stichproben aus einer Population stammen, die
zwar vollkommen spezifiziert ist, ohne daß die Spezifizierung
im einzelnen bekannt wäre. Eine solche Spezifizierung der
Alternativhypothese ist die für den nichtparametrischen Test
einzig mögliche. Tests der beschriebenen Art sind Tests, deren Alternativhypothese nicht auf einen Aspekt der Verteilungen in der Grundgesamtheit eingeschränkt ist. Wir wollen
sie als Tests mit uneingeschränkter Alternativhypothese
(VOGEL, 1971)[1] oder Omnibustests (LIENERT, 1962,1973) nen-
nen.Letztere Bezeichnung ergibt sich aus dem Umstand, daß
diese Tests Tests "für alles" sind. Aus diesem Grunde ist
auch gelegentlich die Bezeichnung Allround-Test zu finden
(z.B. GOODMAN, 1954).

4.3. Die Homomeritätsannahme

Die beiden parametrischen Spezifizierungen der Alternativhypothese nach Unterschieden in der Lage und in der Streuung sind die gebräuchlichsten. Andere Spezifizierungen sind
ebenfalls möglich (z.B. Alternativhypothese nach LEHMAN,
s. GIBBONS, 1971, 124-125).

Wichtig ist, daß die Konstruktion der Prüfgröße so sein muß,
daß sie den interessierenden Sachverhalt möglichst rein und

---

1) Der Begriff, wie er hier verwandt wird, bezieht sich auf
   eine größere Klasse nichtparametrischer Tests als bei
   VOGEL.

unverfälscht widerspiegelt. Dies wird im Falle eines parametrischen t-Tests mit der zur Normalverteilungsannahme hin-
zutretenden Voraussetzung der Varianzgleichheit gewährleistet
bzw. bei Varianzungleichheit durch eine u.a. von WELSH vor-
geschlagene Korrektur sichergestellt (vgl. PFANZAGL, 1962,
216-219; CLAUS und EBNER, 1967, 192-194; SAHNER, 1971, 112;
ELASHOFF, 1968). Weitere Annahmen sind nicht erforderlich.
Dies hängt damit zusammen, daß durch die Voraussetzung der
Normalverteilung alle weiteren verzerrenden Einflüsse,die
sich aufgrund von Unterschieden in der Verteilung ergeben
könnten, nicht denkbar sind. Da die zu vergleichenden Verteilungen normal sind und Normalverteilungen sich nur in
Mittelwert und Streuung voneinander unterscheiden, liegen
somit keine Differenzen in der Schiefe, der Steilheit oder
irgendeines anderen Aspekts der Verteilungen vor. Bei Konstanz der Streuung sind alle sich in der Prüfgröße nieder-
schlagenden Unterschiede Unterschiede der Lage.

Nichtparametrische Verfahren kommen aber gerade dann zur Anwendung, wenn die Annahme der Normalverteilung nicht erfüllt ist. Es kann daher nicht ausgeschlossen werden, daß
die zu vergleichenden Verteilungen nicht nur in ihrer Lage
und in ihrer Streuung differieren, sondern darüber hinaus
auch in anderen Momenten der Verteilung. Wenn man aber trotz-
dem z.B. nur Unterschiede in der Lage zu prüfen beabsichtigt,
so werden nichtparametrische Tests nur dann angewendet werden können, wenn die beiden zu vergleichenden Verteilungen
in den übrigen Aspekten übereinstimmen. Die Möglichkeit, die
Alternativhypothese auf Unterschiede in der zentralen Tendenz einzuschränken, beruht jedoch nicht - wie im parametrischen Fall - auf dem Umstand, daß wir die jeweilige Lage
der Verteilungen anhand einer Parameterschätzung genau bestimmen können, sondern darauf, daß wir davon ausgehen können, daß die beiden zu vergleichenden Verteilungen bis auf
ihre zentrale Tendenz übereinstimmen. Die Durchführbarkeit
dieser Tests hängt von der Erfüllung einer entsprechenden

Annahme ab: der sogenannten Homomeritätsannahme (vgl. LUBIN,
1962, 345; LIENERT, 1962, 214-215; LIENERT, 1973, 107).

Die Homomeritätsannahme ist wie die Voraussetzung der Normalverteilung eine Verteilungsannahme. Sie ist allerdings
allgemeiner. Ihre Funktion entspricht der der Normalverteilungsannahme in Verbindung mit der Forderung nach Varianz-
homogenität bei einem t-Test. Diese beiden Voraussetzungen
können in ihrer Verbindung als Spezialfall des Homomeritäts-
postulates eines Tests auf Unterschiedlichkeit in der zentralen Tendenz angesehen werden (LIENERT, 1973, 118).

Beabsichtigen wir demgegenüber einen nichtparametrischen
Test mit einer auf Unterschiede in der Streuung spezifizierten Alternativhypothese durchzuführen, so ist dies nur möglich, wenn wir die Homomeritätsannehme entsprechend umformu-
lieren. In diesem Falle müssen wir davon ausgehen können,
daß die zu vergleichenden Verteilungen bis auf ihre Streuung übereinstimmen. Dies ist dann das Homomeritätspostulat
eines Tests auf Unterschiedlichkeit der Streuung.

Wir können diese Problematik hier jedoch nicht weiter ver-
tiefen. Festzuhalten ist, daß die Sensitivität nichtparametrischer Tests hinsichtlich bestimmter Verteilungsaspekte
noch Gegenstand statistischer Grundlagenforschung ist. In
jedem Falle ist in der Anwendung nichtparametrischer Tests
als Tests mit eingeschränkter Alternativhypothese Vorsicht
geboten. Von einer blinden Verwendung der Tests mit dieser
Zielsetzung ohne vorherige Inspektion der Verteilungsformen
ist daher abzuraten.

Zumindest in anwendungsorientierten Kreisen ist man sich dieser Problematik erst seit kurzem bewußt (LUBIN, 1962). Insbesondere konnte der Nachweis, daß der gebräuchliche U-Test
(vgl. Abschnitt 5.1) auf jedweden Verteilungsunterschied anspricht (vgl. WETHERILL, 1960), ein gewisses Problembewußt-
sein erreichen.

Die Anwendung nichtparametrischer Tests als Omnibus-Tests erfordert demgegenüber keine Homomeritätsannahme. Solche Tests
mit <u>uneingeschränkter</u> Alternativhypothese gibt es nur in der
nichtparametrischen Statistik. Sie haben keine Entsprechung
in der parametrischen Statistik.

5. Rangtests

Die nun folgende Darstellung einzelner nichtparametrischer Tests beschränkt sich auf Rangtests. Rangtests bilden nicht nur eine wichtige Gruppe unter den nichtparametrischen Prüfverfahren, sie eignen sich ebenfalls im besonderen Maße zur beispielhaften Erläuterung allgemeiner Spezifika nichtparametrischen Testens.

Die Information, von der solche Verfahren ausgehen, sind Ränge, die entweder durch subjektive Einschätzungen durch Beobachter bzw. objektive Meßverfahren (natürliche Ränge) einzelnen Untersuchungseinheiten zugewiesen oder durch Transformationen von beobachteten Meßwerten gewonnen werden. Werden n Beobachtungen einer Stichprobe, x_1, x_2, ... x_n, ihrer Größe nach aufsteigend geordnet, so kann fortlaufend jeder Stichprobenbeobachtung ein Rang (auch Rangplatz oder Rangzahl), $R(x)$, zugewiesen werden.

Nehmen wir an, folgende Stichprobenbeobachtungen lägen vor:

$$x_1 = 3; \quad x_2 = 1; \quad x_3 = 5; \quad x_4 = 8; \quad x_5 = 4.$$

Wenn nun diese Beobachtungen in eine Rangfolge gebracht werden, wobei die kleinste der Stichprobeneinheiten an die erste Stelle, die zweitkleinste an die zweite Stelle, die größte der Einheiten an die letzte Stelle kommt:

$$x_2 < x_1 < x_5 < x_3 < x_4,$$

so ordnen wir diesen Stichprobeneinheiten die bei der Stichprobengröße $n = 5$ möglichen Ränge 1 bis 5 zu:

Rang	$R(x_2)=1$	$R(x_1)=2$	$R(x_5)=3$	$R(x_3)=4$	$R(x_4)=5$
Einheit	$x_2=1$	$x_1=3$	$x_5=4$	$x_3=5$	$x_4=8$

Alle weiteren Berechnungen im Prüfverfahren basieren auf solchen Rangdaten. Rangtests sind somit die für Ordinaldaten angemessenen Verfahren: einmal lassen sich Untersuchungseinheiten nicht nach Merkmalen, die auf der nominalen Ebene gemessen wurden, in eine Rangfolge bringen; zum anderen wird beim Vorliegen von Intervallskalen durch Anwendung von Rangtests auf die in den Daten enthaltene intervallskalenspezifische Information verzichtet. Auch wenn die erhobenen Meßwertergebnisse nur das Resultat eines ordnenden Vergleichs der Beobachtungen untereinander repräsentieren, sind mit Rangplätzen genau die Informationen wiedergegeben, die in diesen Daten enthalten sind.

5.1. Nichtparametrisches Testen eines Unterschiedes in der zentralen Tendenz zweier Populationen anhand unabhängiger Stichproben: Der U-Test.

5.1.1. Nullhypothese und Alternativhypothese

Ein Rangtest, der die zentrale Tendenz zweier Populationen mit den Zufallsvariablen X und Y vergleicht, ist der U-Test. Man geht von der Überlegung aus, daß bei Übereinstimmung der beiden Populationen in der Grundgesamtheit, die Wahrscheinlichkeit, daß eine Einheit aus X kleiner ist als eine Einheit aus Y, der Wahrscheinlichkeit entspricht, daß umgekehrt eine Einheit von Y kleiner ist als eine Einheit aus X:

$$p\ (x < y) = p\ (y < x) \tag{13}$$

x und y sind hierbei zufällig herausgegriffene Werte der Zufallsvariablen X und Y.

Da es nur die beiden Möglichkeiten x < y und y < x gibt, können wir auch sagen, daß die Wahrscheinlichkeit P (x < y) = $\frac{1}{2}$ ist[1].

---

[1] Die Problematik sogenannter "Bindungen" (engl. "ties"), die im Falle x=y vorliegen, wird erst in Abschnitt 5.6 behandelt.

Dies ist die Nullhypothese des U-Tests:[1]

$$H_o : p(x < y) = \frac{1}{2} \qquad (14)$$

Die entsprechende Alternativhypothese[2], in der ein Unterschied der Lage zwischen den beiden Populationen spezifiziert ist, lautet für die <u>zweiseitige</u> Fragestellung:

$$H_a : p(x < y) \neq \frac{1}{2} \qquad (15)$$

Entsprechend gilt für die <u>einseitige</u> Fragestellung

a) für den Fall, daß die Einheiten von X in der Regel
   kleiner sind als die Einheiten von Y:

$$H_o : p(x < y) \leq \frac{1}{2} \qquad (16)$$
$$H_a : p(x < y) > \frac{1}{2}$$

b) für den umgekehrten Fall, daß die Einheiten von Y in
   der Regel kleiner sind als die Einheiten von X:

$$H_o : p(x < y) \geq \frac{1}{2} \qquad (17)$$
$$H_a : p(x < y) < \frac{1}{2}$$

---

1) Die andere Möglichkeit der Formulierung der Nullhypothese, die sich aus (13) ergibt, ist $p(y < x) = 1/2$. Dem
   äquivalent ist für den Fall, daß wir in unseren Überlegungen statt "<", die ">"-Beziehung zwischen x und y zugrunde legen: $p(x > y) = p(y > x)$ bzw. $p(x > y) = 1/2$
   oder $p(y > x) = 1/2$. Für die Problemsubstanz spielt
   die Formulierung keine Rolle; man muß jedoch die einmal
   festgelegte Formulierung beibehalten.

2) Dem Leser wird empfohlen, sich an dieser Stelle noch
   einmal die Abschnitte 1.1 und 1.2 anzusehen.

5.1.2. Die Prüfgröße U

Anhand zweier unabhängiger Stichproben 1 und 2, die aus den
zu vergleichenden Populationen X und Y stammen, werden die
Hypothesen jeweils überprüft. Unabhängige Stichproben liegen dann vor, wenn aus den zu vergleichenden Populationen
Stichproben zufallsmäßig und unabhängig voneinander gezogen
werden. Wir gehen im folgenden davon aus, daß die Stichprobe
1, die aus der Population X entnommen wurde, n und die Stichprobe 2, die der Population Y entstammt, m Einheiten umfaßt.

Der Test basiert auf der Vorstellung, daß das besondere
Muster, nach dem n Untersuchungseinheiten der Stichprobe 1
und m Untersuchungseinheiten der Stichprobe 2 zusammen in
einer aufsteigenden Abfolge größenmäßig geordnet werden können, Informationen darüber liefert, in welcher Beziehung die
beiden Populationen zueinander stehen.

Zu diesem Zwecke fassen wir zunächst die Untersuchungseinheiten der Stichprobe 1 mit den Untersuchungseinheiten der Stichprobe 2 zusammen. Danach werden die n+m-Einheiten in eine
Rangfolge gebracht. Die kleinste Einheit kommt an die erste
Stelle, die nächstgrößere an die zweite Stelle, die größte
Einheit erhält schließlich den n+m-ten Rang. Wenn nun zwischen den beiden Populationen ein Unterschied in der zentralen Tendenz besteht, so werden die n Untersuchungseinheiten der Stichprobe 1 durch höhere bzw. niedrigere Ränge
charakterisiert sein als die m Untersuchungseinheiten der
Stichprobe 2; liegt kein Unterschied vor, so entsprechen
die Ränge der Einheiten der Stichprobe 1 denen der Stichprobe 2.

Ausgehend von diesen Überlegungen haben MANN und WHITNEY
(1947, 50-60) eine Prüfgröße U konstruiert, die gegenüber
den angeführten Alternativhypothesen sensitiv ist. Gehen wir
zunächst aus von der extremen Möglichkeit des in der Alternativhypothese (16) spezifizierten Falles. Die Behauptung dieser Hypothese ist einseitig: Wir hegen die Vermutung, daß alle Einheiten der Stichprobe 1 kleiner sind als die Einheiten

der Stichprobe 2. Nach Kombination der beiden Stichproben ergibt sich folgende Abfolge:

Rang	1	2	...	n	n+1	...	n+m-1	n+m
Einheit	x_1	x_2	...	x_n	y_1	...	y_{m-1}	y_m

Würde die Rangordnung der Beobachtungen diese Abfolge erbringen, so wäre unsere Vermutung in Gänze bestätigt.

Wenn wir aber nun annehmen, daß alle x-Einheiten <u>außer einer Einheit</u>, x_n, kleiner sind als die y-Einheiten, so ergibt sich folgende Abfolge:

Rang	1	2	...	n	n+1	n+2	...	n+m-1	n+m
Einheit	x_1	x_2	...	y_1	x_n	y_2	...	ym-1	ym

Diese Abfolge ist ebenfalls ein Indiz für unsere Hypothese. Der Nachweis, daß die x-Einheiten in der Regel kleiner sind als die y-Einheiten, ist jedoch eingeschränkt durch die Tatsache, daß entgegen der Alternativhypothese <u>eine</u> y-Einheit, nämlich y_1, <u>kleiner</u> ist als eine der x-Einheiten. Man sagt, es liege eine <u>Inversion</u> vor.

Diese Überlegungen können wir weiter fortsetzen, und die relativen Lagen der y-Einheiten gegenüber den x-Einheiten durch Vergleich der Stellung einer jeden x-Einheit mit jeder y-Einheit ermitteln. n.m Vergleiche sind möglich.

Bei dem in der folgenden Abbildung wiedergegebenen Beispiel haben wir es z.B. mit n-1 Inversionen zu tun:

Rang	1	2	3	4	...	n	n+1	n+2	...	n+m-1	n+m
Einheit	x_1	x_2	y_1	x_3	...	x_{n-1}	y_2	x_n	...	y_{m-1}	y_m

Die Einheit y_1 liegt, da sie außer den Einheiten x_1 und x_2 allen anderen x-Einheiten vorangeht, vor n-2 x-Einheiten; dazu kommt, da sich die Einheit y_2 auch vor der Einheit x_n

befindet, eine weitere Inversion; zusammen also n-2+1=n-1 Inversionen.

War der eine Extremfall möglicher Abfolgen die vollkommene Bestätigung unserer Hypothese, so kann im anderen Extremfall auf völlige Widerlegung geschlossen werden, wenn die Beobachtungen so sind, daß keine x-Einheit kleiner ist als eine der y-Einheiten, mit anderen Worten alle y-Einheiten kleiner sind als die x-Einheiten:

Rang	1	2	... n	n+1	... m	m+1	m+2	...	n+m-1	n+m
Einheit	y_1	y_2	... y_n	y_{n+1}	... y_m	x_1	x_2	...	x_{n-1}	n_n

Dies ergibt n.m Inversionen, da sich vor jeder der n x-Einheiten eine der m y-Einheiten befindet: Jeder Vergleich einer x-Einheit mit einer y-Einheit ergibt eine Inversion.

Aus dem Gesagten ist unmittelbar einsichtig, daß die Anzahl der Fälle, in denen eine y-Einheit entgegen der Alternativhypothese kleiner ist als eine der x-Einheiten, eine Prüfgröße ist, die in der Lage ist, Abweichungen von der Nullhypothese anzuzeigen. Diese Anzahl, die Anzahl der Inversionen, wollen wir mit U bezeichnen.

U ist gleich Null, wenn keine Einheit der Stichprobe 2 kleiner ist als eine Einheit der Stichprobe 1, d.h. wenn keine Inversionen vorliegen. Demgegenüber erreicht U mit dem Wert n.m sein Maximum, wenn alle y-Einheiten kleiner sind als die x-Einheiten.

Nehmen wir an, die Stichprobe 1 umfasse zwei Werte, die Stichprobe 2 drei Werte. Wenn wir nach Kombination beider Stichproben und Rangordnung der Werte folgende Abfolge erhalten

$$x \quad x \quad y \quad y \quad y$$

so ist U gleich Null. Für die umgekehrte Abfolge

$$y \quad y \quad y \quad x \quad x$$

hat U den Wert n.m=2.3=6, wie man durch Auszählen der Inversionen leicht ermitteln kann.

Dem Wert von U entspricht ihr Komplement U'. Gibt U die Häufigkeit der Fälle an, in denen eine y-Einheit vor einer x-Einheit liegt, die Anzahl der Inversionen also, so ist U' gleich der Anzahl der Fälle, in denen eine x-Einheit vor einer y-Einheit liegt. Da nur diese beiden Möglichkeiten gegeben sind, ergibt die Summe von U und U' die Gesamtzahl möglicher Vergleiche:

$$U + U' = n \cdot m \qquad (18)$$

Wir können daher bei Kenntnis des Wertes von U U' und bei Kenntnis des Wertes von U' U leicht bestimmen:

$$U = n \cdot m - U' \qquad (19)$$

$$U' = n \cdot m - U$$

Im vorliegenden Zahlenbeispiel betrug in der ersten Abfolge U = 0; U' ist daher 2 . 3 - 0 = 6. Bei der zweiten Abfolge war U = 6; U' ist daher 2 . 3 - 6 = 0. Die Beziehung (18) kann zu Kontrollrechnungen herangezogen werden.

5.1.3. Die Wahrscheinlichkeitsverteilung von U

Nun ist die Errechnung einer Prüfgröße nur der erste Schritt in der Durchführung eines statistischen Tests. Der für die Beobachtungen ermittelte Wert einer Prüfgröße muß auf dem Hintergrund ihrer Wahrscheinlichkeitsverteilung beurteilt werden.

Die Prüfverteilung von U kann man auf kombinatorischem Wege leicht ermitteln: Die n + m Beobachtungen der beiden Stichproben 1 und 2 können auf

$$\binom{n+m}{n} = \frac{(n+m)!}{n! \; m!} \qquad (20)$$

verschiedene Weisen angeordnet werden, die bei Geltung der

Nullhypothese alle gleich wahrscheinlich sind[1].

Für jede dieser möglichen Kombinationen der n + m Stichprobenbeobachtungen ist jeweils ein U-Wert zu ermitteln. Für unser Zahlenbeispiel der beiden Stichproben 1 und 2 der Größe n = 2 und m = 3 ergeben sich

$$\binom{n+m}{n} = \binom{2+3}{2} = \frac{5!}{2!\,3!} = 10$$

verschiedene Anordnungen mit den entsprechenden U-Werten und den zu U komplementären U'-Werten (vgl. Tabelle 3). Die Wahrscheinlichkeit für jede dieser Anordnungen beträgt

$$p\,(A) = \frac{1}{\binom{n+m}{n}} \tag{21}$$

In unserem Beispiel ist dies p (A) = 0,1

Tabelle 3: Spektrum möglicher Anordnungen von n+m Stichprobeneinheiten mit n=2 und m=3

Anordnung Nr.	Rang					U	U'	p(A)
	1	2	3	4	5			
(1)	x	x	y	y	y	0	6	0,1
(2)	x	y	x	y	y	1	5	0,1
(3)	y	x	x	y	y	2	4	0,1
(4)	x	y	y	x	y	2	4	0,1
(5)	x	y	y	y	x	3	3	0,1
(6)	y	x	y	x	y	3	3	0,1
(7)	y	y	x	x	y	4	2	0,1
(8)	y	x	y	y	x	4	2	0,1
(9)	y	y	x	y	x	5	1	0,1
(10)	y	y	y	x	x	6	0	0,1

---

1) Wir setzen hier und im weiteren die Kenntnis der Elemente der Kombinatorik voraus.

Hiervon ausgehend läßt sich ebenfalls recht einfach die
Wahrscheinlichkeitsverteilung der Prüfgröße U, die Prüfverteilung, ermitteln. Wir bestimmen den Wertebereich von U
und errechnen je Ausprägung die relative Häufigkeit. Für das
vorliegende Zahlenbeispiel ergibt sich Tabelle 4.

<u>Tabelle 4</u>: Wahrscheinlichkeitsverteilung der Prüfgröße U
mit n=2 und m=3

U	f_U	p(U)
o	1	o,1
1	1	o,1
2	2	o,2
3	2	o,2
4	2	o,2
5	1	o,1
6	1	o,1
$\sum$	10	1,o

Wie für die beiden Stichproben der Größe n = 2 und m = 3
gibt es für jede andere Konstellation von Stichprobengrößen
eine spezifische Wahrscheinlichkeitsverteilung der Prüfgröße U. Die Ableitung solcher Wahrscheinlichkeitsverteilungen
ist aber bereits nach geringfügiger Erhöhung der Stichprobengrößen ein sehr mühevolles Unterfangen. So ergeben sich
z.B. für die Stichprobengrößen n = 7 und m = 6

$$\binom{7+6}{7} = \frac{13!}{7!6!} = 1716$$

verschiedene Möglichkeiten der Anordnung der n + m Stichprobeneinheiten.

5.1.4. Die Entscheidung des Tests

Den jeweiligen Wertebereich von U unterteilen wir in einen
Ablehnungs- und einen Annahmebereich der Nullhypothese.
Durch Wahl der Irrtumswahrscheinlichkeit α legen wir den
entsprechenden kritischen U-Wert, U_α, fest. U_α ergibt sich,
indem wir im Sinne konservativen Testens die nächstkleinere
ganze Zahl von $\alpha \binom{n+m}{n}$ bestimmen:

$$r_\alpha \mathrel{\hat{=}} \alpha \binom{n+m}{n} \tag{22}$$

Der U-Wert, der der r_α-ten Anordnung, ausgehend vom Extremende des Wertebereichs der Prüfgröße, entspricht, ist der
kritische U-Wert, U_α.

Geben wir für unser Zahlenbeispiel die Irrtumswahrscheinlichkeit mit $\alpha = 0,10$ vor, so ergibt sich

$$r_\alpha = 0,1\binom{2+3}{2}$$

$$= 0,1 \cdot 10$$

$$= 1$$

In diesem Falle bildet die erste Anordnung, gerechnet von
dem bei $U = 0$ beginnenden Extremende des Wertebereichs, den
kritischen Bereich der Prüfgröße U. Dies ist die Anordnung
(1) der Tabelle 3. Dieser Anordnung entspricht ein U-Wert
von Null. Der kritische U-Wert hat somit den Betrag Null.

Hieraus können wir unsere Entscheidungsregel ableiten:
U-Werte, die kleiner oder gleich U_α sind, fallen in den Ablehnungsbereich, U-Werte, die größer als U_α sind, in den Annahmebereich der Nullhypothese:

$$\boxed{\begin{array}{l} \text{Wenn } U > U_{\alpha,n,m}, \text{ dann Annahme der } H_0, \\[2mm] \text{wenn } U \leq U_{\alpha,n,m}, \text{ dann Ablehnung der } H_0. \end{array}}$$

Die Wahrscheinlichkeit des so bestimmten kritischen Bereichs, die _tatsächliche_ Irrtumswahrscheinlichkeit $\hat{a}$, wird nicht immer mit der _vorgegebenen_ Irrtumswahrscheinlichkeit α übereinstimmen. Dies hängt damit zusammen, daß die Prüfgröße U eine diskret verteilte Größe ist, die nur ganzzahlige Ausprägungen besitzt.

5.1.5. Weitere Fragestellungen des Tests

Bislang gingen wir von der Alternativhypothese aus, daß die Population X kleiner ist als die Population Y. Dies war die in (16) spezifizierte Alternativhypothese. Die _entgegengesetzte Alternativhypothese mit einseitiger Fragestellung_ (17) läßt sich in gleicher Weise prüfen. Hier lautet umgekehrt die Vermutung, daß die y-Einheiten kleiner sind als die x-Einheiten. Die dieser Hypothese im besonderen Maße stützende Abfolge von x- und y-Einheiten ist Anordnung (10) in Tabelle 3:

$$y \quad y \quad y \quad x \quad x$$

Entgegen unseren Überlegungen bei der Alternativhypothese (16) liegt hier jedoch eine Inversion vor, wenn eine x-Einheit vor einer y-Einheit rangiert. So z.B. in Anordnung (9) der Tabelle 3:

$$y \quad y \quad x \quad y \quad x$$

U kann hier ebenfalls als Prüfgröße dienen, nur führen wegen der neuen Definition einer Inversion ("Eine x-Einheit rangiert vor einer y-Einheit" und nicht wie vorher "Eine y-Einheit rangiert vor einer x-Einheit") _hohe_ U-Werte zu Ablehnung der Nullhypothese. Wir müßten daher unsere Entscheidungsregel umkehren.

Hier können wir uns jedoch die oben beschriebene Beziehung zwischen U und seinem Komplement U' zunutze machen. Bei einer gegebenen Abfolge entspricht der U-Wert der einen einseitigen Alternativhypothese genau dem U'-Wert der entgegengesetzten einseitigen Alternativhypothese (vgl. Tabelle 3). Wenn wir U' als Prüfgröße heranziehen, können wir daher bei einer einheitlichen Entscheidungsregel bleiben.

So viel Arbeitsersparnis der Wechsel der Prüfgröße von einer einseitigen Fragestellung zur entgegengesetzten einseitigen Fragestellung auch mit sich bringt, im Falle einer <u>zweiseitigen Fragestellung</u>, die in der Alternativhypothese (15) spezifiziert ist, ist dies nicht möglich. Da hier der kritische Bereich an beiden Extremen des Wertebereichs von U liegt, sind <u>sowohl sehr kleine als auch sehr große</u> Werte von U Anlaß zur Ablehnung der Nullhypothese.

Nach Wahl der Irrtumswahrscheinlichkeit α müssen wir in diesem Falle von beiden Enden des Wertebereichs von U ausgehend den Ablehnungs- und Annahmebereich der Nullhypothese bestimmen. Wir legen dann zwei kritische U-Werte fest. Da die kritischen Werte symmetrisch zum Erwartungswert der U-Verteilung liegen, brauchen wir sie nur einmal zu bestimmen. Sie ergeben sich, indem wir - ähnlich wie im Falle der einseitigen Fragestellung - die nächstkleinere ganze Zahl von $\frac{\alpha}{2} \cdot \binom{n+m}{n}$ ermitteln. Diese Zahl

$$r_{\left(\frac{\alpha}{2}\right)} = \frac{\alpha}{2} \binom{n+m}{n} \qquad (23)$$

gibt die Anzahl von Anordnungen an, die an jeweils einem Ende der Verteilung der Prüfgröße U den kritischen Bereich der zweiseitig spezifizierten Alternativhypothese bilden. Die U-Werte, die jeweils der $r_{\left(\frac{\alpha}{2}\right)}$-ten Anordnung an den Enden der Prüfverteilung entsprechen, sind die kritischen U-Werte, $U_{\left(\frac{\alpha}{2}\right)}$ und $U^{*}_{\left(\frac{\alpha}{2}\right)}$. U-Werte, die <u>kleiner oder gleich</u> $U_{\left(\frac{\alpha}{2}\right)}$ bzw. <u>größer</u>

oder gleich $U^*_{(\frac{\alpha}{2})}$ sind, machen den Ablehnungsbereich, U-Werte, die zwischen $U_{(\frac{\alpha}{2})}$ und $U^*_{(\frac{\alpha}{2})}$ liegen, den Annahmebereich der Nullhypothese aus.

Wenn wir für unser Zahlenbeispiel die Irrtumswahrscheinlichkeit mit $\alpha = 0,20$ festlegen, so ergibt sich

$$r_{(\frac{\alpha}{2})} = 0,10 \begin{pmatrix} 2+3 \\ 2 \end{pmatrix}$$

$$= 0,10 \cdot 10 = 1$$

In diesem Falle bilden eine Anordnung am unteren Ende der U-Verteilung, Anordnung (1) der Tabelle 3, und eine am oberen Ende der U-Verteilung, Anordnung (10) der Tabelle 3, den Ablehnungsbereich der Nullhypothese. Diesen Anordnungen entsprechen die kritischen U-Werte $U_{(\frac{\alpha}{2})} = 0$ und $U^*_{(\frac{\alpha}{2})} = 6$.
Die U-Werte 0 und 6 bilden somit den Ablehnungsbereich der Nullhypothese, die U-Werte 1 bis 5 deren Annahmebereich. Da die beiden kritischen Werte symmetrisch zueinander liegen, stimmt der kleinere der kritischen U-Werte, $U_{(\frac{\alpha}{2})}$, mit dem U'-Wert überein, der dem größeren der kriti- schen U-Werte, $U^*_{(\frac{\alpha}{2})}$, entspricht. Das gleiche gilt für den größeren der beiden kritischen U-Werte, der wertmäßig mit dem U'-Wert übereinstimmt, der dem kleineren der kritischen U-Werte entspricht.

Ähnlich wie beim Übergang von der einen einseitigen Fragestellung zur gegenläufigen einseitigen Fragestellung, können wir durch Berücksichtung dieser zwischen U- und U'-Werten bestehenden Beziehung auch hier bei der gegebenen Entscheidungsregel bleiben. Wir gehen praktisch den oben für die einseitige Fragestellung beschriebenen Weg.

Wir führen die Prüfung in Bezug auf einen der beiden kritischen Werte durch. Damit wir aber die Regel, daß ein Vergleich zum kritischen Wert großer Wert der Prüfgröße zur Annahme der Nullhypothese führt, beibehalten können, müssen

wir als Prüfgröße U heranziehen, wenn U kleiner ist als U',
und als Prüfgröße U', wenn dieser Wert der kleinere ist:

$$
\begin{array}{l}
\text{Wenn min } (U,U') > U_{(\frac{\alpha}{2}),n,m}, \text{ dann Annahme der } H_o, \\[2mm]
\text{wenn min } (U,U') \leq U_{(\frac{\alpha}{2}),n,m}, \text{ dann Ablehnung der } H_o.
\end{array}
$$

5.1.6. Rangsummen der einzelnen Stichproben und Prüfgröße U

Im Falle größerer Stichproben ist die bisher vorgestellte
Methode der Bestimmung von U durch Auszählen der Inversionen
recht zeitraubend und umständlich. Nun besteht aber zwischen
der Anzahl der Inversionen und der Summe der Rangplätze der
x- bzw. y-Einheiten, $\sum R(x)$ bzw. $\sum R(y)$, eine Beziehung, die zu
Formeln führt, die die Bestimmung von U bzw. U' wesentlich
ökonomischer machen:

$$U = n \cdot m + \frac{m(m+1)}{2} - \sum R(y) \tag{24}$$

$$U' = n \cdot m + \frac{n(n+1)}{2} - \sum R(x) \tag{25}$$

In Formel (24) entspricht der Ausdruck

$$\frac{m(m+1)}{2}$$

der Rangsumme der y-Einheiten, wenn <u>alle</u> y-Einheiten kleiner
sind als <u>alle</u> x-Einheiten. In diesem Falle erreicht U sein
Maximum n.m. Bei allen n·m möglichen Vergleichen von x- mit
y-Einheiten ergeben sich Inversionen. Da jetzt

$$\sum R(y) = \frac{m(m+1)}{2}$$

ergibt sich nach der Formel (24) ebenfalls der Maximalwert
von U. Je größer nun die Rangsumme der y-Einheiten, $\sum R(y)$,
gegenüber $\frac{m(m+1)}{2}$ wird, desto mehr entfernt sich U von diesem Maximalwert und wird schließlich Null.

Entsprechendes gilt für den Wert U', den wir nach Formel
(25) bestimmen können. Hier entspricht der Ausdruck

$$\frac{n\,(n\,+\,1)}{2}$$

der Rangsumme der x-Einheiten, wenn diese alle kleiner sind
als alle y-Einheiten.

Im Falle gleich großer Stichproben hätten wir die Rangsummen
gleich als Prüfgrößen heranziehen können. So hat auch WIL-
COXON (1945), der als Erfinder des U-Tests gilt[1], diese
als Prüfgrößen vorgeschlagen. Demgegenüber haben MANN und
WHITNEY (1947), die von uns hier besprochene Prüfgröße U im
Zusammenhang mit der Verallgemeinerung des Tests auf Stichproben unterschiedlicher Größe entwickelt. Es liegen noch
andere Prüfgrößen vor, die direkt von den Rangsummen ausgehen und die Unterschiedlichkeit der Stichprobengröße in Rech-
nung stellen (z.B. FESTINGER, 1946; PFANZAGL, 1968, 150-154;
BASLER, 1968, 112-118). Grundsätzlich sind diese Prüfgrößen
der hier vorgestellten Größe U gleichwertig, da sie in linea-
rer Beziehung zu ihr stehen (vgl. RYTZ, 1968, 29-36).

5.1.7. Die Sensitivität des U-Tests gegenüber Unterschieden
       in der zentralen Tendenz

Wir haben bereits in unseren Ausführungen darauf hingewiesen,
daß sich Unterschiede in der zentralen Tendenz nur dann unverfälscht in der Prüfgröße eines nichtparametrischen Tests
niederschlagen, wenn die Verteilungen, die miteinander verglichen werden, in allen übrigen Aspekten, z.B. auch in der
Schiefe, miteinander übereinstimmen (vgl. WETHERILL, 1960,
402-418 ; LUBIN, 1962, 345-348).

---

1) William H. KRUSKAL (1957), 356-360, weist jedoch darauf
   hin, daß bereits im Jahre 1914 der deutsche Psychologe
   Gustav Deuchler diesen Test vorgeschlagen hat.

Auch der U-Test erfordert die Homomeritätsannahme, wenn ein
signifikanter Wert der Prüfgröße nur als Indiz für einen
Unterschied in der zentralen Tendenz angesehen werden soll.
Lediglich bei Erfüllung der Homomeritätsannahme können die
Hypothesen des U-Tests (14) bis (17) weiter spezifiziert
werden als Hypothesen, die sich alleine auf die Übereinstimmung der zentralen Tendenz beziehen.

5.1.8. Exakte und approximative Prüfverteilungen: Asymptoti-
scher U-Test

Wenn wir bislang von der Prüfverteilung eines Tests sprachen,
so war damit stets die exakte Verteilung der Wahrscheinlichkeiten der Prüfgröße gemeint. Nun ist aber - wie wir in diesem Zusammenhang ebenfalls sahen - die Bestimmung der genau-
en Verteilung einer Prüfgröße unter der Nullhypothese häufig
sehr zeitraubend. Zwar braucht beim Vorliegen von Rangwerten
und Häufigkeitsziffern die Prüfverteilung nicht bei jeder
Testanwendung neu bestimmt zu werden; man kann sie Tabellen
entnehmen. Doch müssen solche Tabellenwerte einmal ermittelt
werden. Dies ist selbst mit Hilfe von Computern schon bei
mittleren Stichprobenumfängen ungemein arbeitsaufwendig. Nun
ist nach dem __zentralen Grenzwertsatz der Statistik__ jede Linearkombination von unabhängigen Zufallsvariablen mit wachsender Zahl der Variablen annähernd normal verteilt, auch
wenn die Zufallsvariablen selbst nicht der Normalverteilung
folgen. Als Prüfverteilung kann daher bei genügend großer
Stichprobe die Standardnormalverteilung mit der Prüfgröße

$$z = \frac{x - \mu_x}{\sigma_x} \qquad (26)$$

herangezogen werden. Diese Prüfgröße ist definiert als die
Abweichung der normalverteilten Linearkombination x von ihrem Erwartungswert μ_x (Mittelwert) gemessen in Einheiten
ihrer Standardabweichung. Der zu jedem z-Wert gehörende Wahr-

scheinlichkeitswert kann der Tafel der Standardnormalverteilung entnommen werden, er gibt die Wahrscheinlichkeit dieses
Wertes unter der Nullhypothese an (genauer: $p\,(z \leq z_\alpha)$).

Für die Prüfgrößen nichtparametrischer Tests gelten Schwel-
lenwerte der Stichprobengröße, nach der die Standardnormalverteilung eine gute Annäherung der exakten Verteilung der
Prüfgröße ist. Um den entsprechenden z-Wert bestimmen zu können, müssen lediglich der Erwartungswert einer Prüfgröße und
deren Standardabweichung bekannt sein, so daß z berechnet
werden kann.

Im Falle des U-Tests nähert sich die exakte U-Verteilung
schon bei relativ kleinen Stichproben der Standardnormalverteilung. Für die Stichprobengrößen n, m > 8 gilt mit hinreichender Genauigkeit bei Gültigkeit der Nullhypothese, daß

$$z_U = \frac{U - \mu_U}{\sigma_U} \qquad (27)$$

Da der Erwartungswert von U

$$\mu_U = \frac{n \cdot m}{2} \qquad (28)$$

und die Standardabweichung

$$\sigma_U = \sqrt{\frac{n \cdot m (n+m+1)}{12}} \qquad (29)$$

ist, kann ab der Schwelle n, m > 8 die Signifikanz eines Unterschiedes in der zentralen Tendenz mit der Prüfgröße

$$z_U = \frac{U - \frac{n \cdot m}{2}}{\sqrt{\frac{n \cdot m \ (n+m+1)}{12}}} \qquad (30)$$

getestet werden. Diese Größe ist asymptotisch normalverteilt,
die Standardnormalverteilung kann wie im Falle des z-Tests
als Prüfverteilung herangezogen werden.

Die Entscheidungsregel lautet:

$$\text{Wenn } |z_u| < z_\alpha \text{ , dann Annahme der } H_o \text{ ,}$$

$$\text{wenn } |z_u| \geq z_\alpha \text{ , dann Ablehnung der } H_o \text{ .}$$

Der trotz Fehlen normalverteilter Merkmale durchgeführte parametrische z-Test ersetzt jedoch den nichtparametrischen Test nicht. Vielmehr wird im Test eine approximative und nicht eine exakte Prüfverteilung herangezogen. Die Approximation wird mit wachsender Stichprobengröße zwar immer besser, eine verzerrende Wirkung - und sei sie noch so klein - bleibt jedoch praktisch immer bestehen.

Aus diesem Grunde schlägt SAWREY (1968, 171-177) vor, nicht nur zwischen parametrischen und nichtparametrischen Tests zu unterscheiden, sondern als dritte Testart zwischen beiden den "Semi-Nonparametric Test" einzufügen, mit dem ein nichtparametrischer Test mit approximativer Prüfverteilung bezeichnet werden soll.

Diese Unterscheidung zwischen "Exact Nonparametric Methods" und den "Semi-Nonparametric Methods" sollte m.E. bei der Entscheidung für oder gegen die Anwendung parametrischer Tests unbedingt mit berücksichtigt werden, da die Anwendung eines robusten parametrischen Tests trotz der Verletzung von Annahmen möglicherweise weniger Fehler nach sich zieht, als die Anwendung eines nichtparametrischen Tests unter Hinzuziehung einer approximativen Prüfverteilung.

5.1.9. Beispiel

(1) Aufgabenstellung

Im Rahmen einer organisationssoziologischen Untersuchung wird ermittelt, ob der Grad der Rollendifferenzierung innerhalb einer Organisation vom Organisationsziel abhängt. Zu diesem

Zwecke werden die entsprechenden Daten einmal bei Organisationen erhoben, die primär Verwaltungsaufgaben erfüllen (z.B. Bundesministerien, Länderministerien), zum anderen bei Organisationen, die primär Forschung und Informationsbeschaffung dienen (z.B. Forschungsanstalten). Aus beiden Gruppen werden zufällig unabhängige Stichproben gezogen.

Da die Erhebung von Strukturmerkmalen kostspielig ist, muß man sich mit kleinen Stichproben begnügen. Die Stichprobe aus der Grundgesamtheit der Verwaltungsorganisationen ist $n = 11$, die Stichprobe aus der Gesamtheit der Forschungsorganisationen ist $m = 11$.

Der Grad der Rollendifferenzierung in den Organisationen wird durch eine 40 Punkte breite Ordinalskala gemessen. Über die Verteilung des Merkmals "Rollendifferenzierung" in der Grundgesamtheit weiß man nur sehr wenig.

Es soll die Hypothese überprüft werden, ob die Rollenstruktur in Verwaltungsorganisationen "im Mittel" differenzierter ist als die in Forschungsorganisationen.

Folgende Daten wurden erhoben:

Grade der Rollendifferenzierung in

Forschungsorganisationen:	3; 4; 8; 9; 11; 13; 14; 15; 26; 28; 32
Verwaltungsorganisationen:	7; 10; 17; 19; 20; 22; 25; 29; 31; 34; 37

Die Stichprobengrößen betragen:

$$n = 11 \; ; \quad m = 11$$

(2) <u>Formulierung der statistischen Hypothesen</u>

Da im vorliegenden Fall auf Unterschiede in der zentralen Tendenz zweier Populationen anhand unabhängiger Stichproben geprüft werden soll und beim in Frage stehenden Merkmal nicht angenommen werden kann, daß es in der Grundgesamtheit normalverteilt ist, wählen wir als angemessenen Test den U-Test.

In der Forschungshypothese wird vermutet, daß Forschungsorganisationen in der Regel durch geringere Differenzierungsgrade charakterisiert sind als Verwaltungsorganisationen. Es liegt eine einseitige Fragestellung vor.

Die Null- und die Alternativhypothesen lauten somit (vgl. Formel (16):

$$H_0: p\ (x < y)\ \le \frac{1}{2}$$

$$H_a: p\ (x < y)\ > \frac{1}{2}$$

(3) <u>Berechnung der Prüfgröße</u>

Zur Berechnung der Prüfgröße werden die Einheiten beider Stichproben zusammengefaßt, ihrer Größe nach geordnet und mit entsprechenden Rangwerten versehen.

In Tabelle 5 sind die einzelnen Stichprobenbeobachtungen versehen mit den ihnen entsprechenden Rängen wieder nach Verwaltungs- und Forschungsorganisationen getrennt aufgeführt.

Wir ermitteln die jeweiligen Rangsummen der beiden Stichproben:

$$\sum R(x_i) = 99 \text{ und } \sum R(y_i) = 154$$

und führen eine Kontrollrechnung nach

$$\sum R(x_i) + \sum R(y_i) = \frac{(n+m)\ (n+m+1)}{2}$$

durch:

$$99 + 154 \qquad = 253$$

Tabelle 5

Grade der Rollendifferenzierung in			
Forschungs-organisationen		Verwaltungs-organisationen	
Stichproben-beobachtungen	Ränge	Stichproben-beobachtungen	Ränge
x_i	$R(x_i)$	y_i	$R(y_i)$
3	1		
4	2		
		7	3
8	4		
9	5		
		1o	6
11	7		
13	8		
14	9		
15	1o		
		17	11
		19	12
		2o	13
		22	14
		25	15
26	16		
28	17		
		29	18
		31	19
32	2o		
		34	21
		37	22
$\sum R(x_i)$	99	$\sum R(y_i)$	154

Nach den Formeln (24) und (25) berechnen wir die Größen U und U':

$$U = n \cdot m + \frac{m(m+1)}{2} - \sum R(y_i)$$

$$= 11 \cdot 11 + \frac{11 \cdot 12}{2} - 154$$

$$= 33$$

$$U' = n \cdot m + \frac{n(n+1)}{2} - \sum R(x_i)$$

$$= 11 \cdot 11 + \frac{11 \cdot 12}{2} - 99$$

$$= 88$$

Alternativ zu der eben durchgeführten Kontrollrechnung für die Rangsummen können wir auch hier,bezogen auf die Anzahl der Inversionen,eine Kontrollrechnung nach Formel (18) durchführen:

$$U + U' = n \cdot m$$

$$33 + 88 = 121$$

Nach der vorliegenden Spezifizierung der Alternativhypothese ist U die angemessene Prüfgröße des Tests.

(4) <u>Wahl der Prüfverteilung</u>

Da sowohl n als auch m größer sind als 8, kann statt der exakten Wahrscheinlichkeitsverteilung von U die Standardnormalverteilung als Prüfverteilung herangezogen werden:

Anhand der Formel (31) berechnen wir den $|z_u|$-Wert für die vorliegenden Stichproben:

$$z_U = \cfrac{U - \dfrac{n \cdot m}{2}}{\sqrt{\dfrac{n \cdot m(n+m+1)}{12}}}$$

$$= \cfrac{33 - \dfrac{11 \cdot 11}{2}}{\sqrt{\dfrac{11 \cdot 11(11+11+1)}{12}}} = \frac{33 - 60,5}{15,23}$$

$$= -1,806$$

Wegen der Symmetrie der Standardnormalverteilung hätten wir
ein dem Betrage nach gleiches Ergebnis erhalten, wenn wir
von U' statt U ausgegangen wären.

(5) <u>Bestimmung des kritischen Wertes</u>

Das Signifikanzniveau legen wir mit 95% fest, der Test wird
mit einer Irrtumswahrscheinlichkeit von $\alpha = 0,05$ durchgeführt. Der kritische Wert bei einseitiger Fragestellung ist
somit $z_{0,05} = 1,64$.

(6) <u>Entscheidung</u>

Da $|z_U| = 1,806 > z_{0,05} = 1,64$,

lehnen wir die Nullhypothese ab.

(7) <u>Interpretation der Testentscheidung</u>

Die Rollendifferenzierung in Verwaltungsorganisationen ist
gegenüber der in Forschungsorganisationen signifikant größer.

5.2. <u>Nichtparametrisches Testen eines Streuungsunterschiedes</u>

Neben dem Unterschied in der zentralen Tendenz hatten wir
den Unterschied in der Streuung zwischen zwei Populationen
als eine Möglichkeit der Spezifizierung der Alternativhypo-

these angeführt. Es gibt eine Reihe von nichtparametrischen
Prüfverfahren, die zur Beurteilung von Unterschieden in der
Streuung herangezogen werden können. Wir werden hier nur den
Test nach SIEGEL und TUKEY (1960, 429-445) darstellen, da
bei diesem Test ebenfalls die Anzahl der Inversionen als
Prüfgröße herangezogen werden kann.

Beim SIEGEL-TUKEY-Test handelt es sich lediglich um eine ein-
fache Modifikation des U-Tests in der Zuordnung der Rangwerte zu den Stichprobenbeobachtungen. Während beim U-Test in
der kombinierten Stichprobe niedrigen Beobachtungswerten
niedrige Rangwerte und hohen Beobachtungswerten hohe Rangwerte zugeordnet werden, ordnet man beim SIEGEL-TUKEY-Test
extremen Beobachtungswerten niedrige und zentralen Beobachtungswerten hohe Rangwerte zu. Das Entscheidende bei dieser
Modifikation besteht somit nur darin, daß wir den Stichprobeneinheiten in einer anderen Weise Rangwerte zuordnen. Hatten wir beim U-Test den in der vereinigten Stichprobe ihrer
Größe nach geordneten $n+m$ Untersuchungseinheiten der Stichprobe 1 und 2 eine aufsteigende Folge von Rangwerten zugeordnet:

Rang	1	2	...	n	n+1	...	n+m-1	n+m
Einheit	x	x	...	y	y	...	y	x

so ordnen wir jetzt dem kleinsten Beobachtungswert den ersten
Rang zu, dem größten Beobachtungswert den zweiten Rang, dem
zweitgrößten Beobachtungswert den dritten Rang, dem zweiten
Beobachtungswert den vierten Rang, dem dritten Beobachtungswert den fünften Rang usw. bis hin zu den beiden größenmäßig
genau in der Mitte liegenden Beobachtungswerten, denen wir
den zweithöchsten und den höchsten Rang zuweisen[1]:

1) Dies gilt nur für den Fall, daß $n+m$ eine gerade Zahl ergibt; ist $n+m$ ungerade, so weisen wir dem genau in der Mitte liegenden Wert keinen Rang zu und beziehen ihn in die
weitere Analyse nicht mehr mit ein. Der höchste Rang, der
vergeben wird, soll eine gerade Zahl sein(vgl.SIEGEL und
TUKEY, 1960, 430).

Rang	1	4	...	n+m	...	3	2
Einheit	x	x	...	y	...	y	x

Die Einheiten der beiden zu vergleichenden Stichproben werden gut durchgemischt sein, wenn $\underline{kein}$ Streuungsunterschied
zwischen den Populationen X und Y besteht.

Liegt ein solcher Unterschied jedoch vor, so treten die Einheiten der einen Stichprobe konzentrierter in den Extrembe-
reichen der ihrer Größe nach geordneten kombinierten Stichprobe auf, so beispielsweise in der folgenden Anordnung:

Rang	1	4	5	8	9	12	11	1o	7	6	3	2
Einheit	x	x	x	y	y	y	y	y	y	x	x	x

Genau wie beim U-Test werden wir auch hier die Inversionen
auszählen. Lag beim Lagetest eine Inversion vor, wenn entgegen der spezifischen Alternativhypothese eines Lagetests
eine Einheit der einen Stichprobe z.B. kleiner war als eine
Einheit der anderen Stichprobe, so sprechen wir jetzt von
einer Inversion, wenn entgegen der spezifischen Alternativhypothese eines Streuungstests eine Einheit der einen Stichprobe extremer ist als eine Einheit der anderen Stichprobe.
Die Hypothesen des U-Tests (vgl. Formeln (14) bis (17)) sind
entsprechend zu modifizieren. Beispielsweise gilt für die
zweiseitige Fragestellung:

$$H_o : p(x \text{ extremer als } y) = \frac{1}{2} \tag{31}$$

$$H_a : p(x \text{ extremer als } y) \neq \frac{1}{2}$$

Die Anzahl der Inversionen, die wir hier im Unterschied zum
U-Test mit W bezeichnen wollen, ist sensitiv gegenüber Unterschieden in der Streuung zwischen den beiden Verteilungen.
W ist bei größeren Stichproben in derselben Weise zu berechnen wie U. Ebenso ist die Prüfverteilung von W mit der von U

identisch und genauso wie diese abzuleiten. Die typischen Kennwerte der Verteilungen von U und W stimmen überein. Bei Stichproben der Größen n, m > 8 kann folglich in der gleichen Weise ein asymptotischer W-Test Anwendung finden.

Anzumerken ist, daß der SIEGEL-TUKEY-Test nur beim Vorliegen fast gleicher zentraler Tendenz der beiden Verteilungen im höchsten Maße gegenüber Unterschieden in der Streuung empfindlich ist. Auch bei diesem Test ist die Homomeritätsannahme zu machen. Allerdings kann der Test auch bei geringen Unterschieden in der Lage angewendet werden, ohne daß eine merkliche Verfälschung des Ergebnisses erwartet werden muß.

5.2.1. Beispiel

(1) Aufgabenstellung

Trotz der soeben gemachten Bemerkung zum Erfordernis der Homomeritätsannahme ziehen wir zur Demonstration der Anwendung des SIEGEL-TUKEY-Tests die Daten heran, mit deren Hilfe wir schon die Anwendung des U-Tests zeigten und für die bereits ein signifikanter Unterschied in der zentralen Tendenz der in Frage stehenden Populationen nachgewiesen wurde.

Es soll überprüft werden, ob die beiden Populationen bezüglich ihrer Streuung übereinstimmen. Dabei gehen wir nicht von einer materiellen Arbeitshypothese aus, die einen Homogenitätsunterschied zwischen den beiden Organisationstypen vermutet. Vielmehr wollen wir überprüfen, ob die Homomeritätsannahme des U-Tests unseres vorherigen Beispiels angemessen war.

(2) Formulierung der statistischen Hypothesen

Es handelt sich um eine zweiseitige Fragestellung. Die Null- und die Alternativhypothesen lauten somit nach Formel (31):

$$H_o: p \ (x \ \text{extremer} \ y) = \frac{1}{2}$$

$$H_a: p \ (x \ \text{extremer} \ y) \neq \frac{1}{2}$$

(3) Berechnung der Prüfgröße

Zur Berechnung der Prüfgröße werden die Einheiten beider Stichproben zusammengefaßt und ihrer Größe nach geordnet und so mit Rangwerten versehen, daß die relativ extremen Einheiten einen kleineren Rang erhalten als die relativ zentralen Einheiten, die durch höhere Ränge charakterisiert werden.

In Tabelle 6 sind die einzelnen Stichprobenbeobachtungen mit in dieser Weise zugeordneten Rängen wiedergegeben.

Tabelle 6

Grade der Rollendifferenzierung in			
Forschungs-organisationen		Verwaltungs-organisationen	
Stichproben-beobachtungen	Ränge	Stichproben-beobachtungen	Ränge
x_i	$R(x_i)$	y_i	$R(y_i)$
3	1		
4	4		
		7	5
8	8		
9	9		
		1o	12
11	13		
13	16		
14	17		
15	2o		
		17	21
		19	22
		2o	19
		22	18
		25	15
26	14		
28	11		
		29	1o
		31	7
32	6		
		34	3
		37	2
$\sum R(x_i)$	119	$\sum R(y_i)$	134

Wir ermitteln die beiden Rangsummen

$$\sum R(x_i) = 119 \text{ und } \sum R(y_i) = 134$$

und führen eine Kontrollrechnung nach

$$\sum R(x_i) + \sum R(y_i) = \frac{(n+m)\ (n+m+1)}{2}$$

durch:

$$119 \quad + \quad 134 \quad = 253$$

Sodann werden die Größen W und W' berechnet

$$W = n.m + \frac{m(m+1)}{2} - \sum R(y_i)$$

$$= 11 \cdot 11 + \frac{11 \cdot 12}{2} - 134$$

$$= 187 - 134$$

$$= 53$$

$$W' = n.m + \frac{n(n+1)}{2} - \sum R(x_i)$$

$$= 11 \cdot 11 + \frac{11 \cdot 12}{2} \quad 119$$

$$= 68$$

Die alternative Kontrollrechnung zu der eben durchgeführten ergibt:

$$W + W' = n \cdot m$$

$$53 + 68 = 121$$

(4) __Wahl der Prüfverteilung__

Auch in diesem Falle kann wie beim U-Test die Standardnormalverteilung als Prüfverteilung herangezogen werden.

Wir berechnen z_W :

$$z_w = \frac{53 - \dfrac{11 \cdot 11}{2}}{\sqrt{\dfrac{11 \cdot 11(11 + 12)}{12}}}$$

$$= \frac{53 - 60,5}{15,23}$$

$$= -0.493$$

(5) Bestimmung des kritischen Wertes

Mit einer statistischen Sicherheit von 95% und bei einer
zweiseitigen Fragestellung liegt der kritische Wert $z_{0,05}$
bei 1,96.

(6) Entscheidung

Da $|z_w| = 0.493 < z_{0.05} = 1,96$,
nehmen wir die Nullhypothese an.

(7) Interpretation der Testentscheidung

Wir konnten keinen Unterschied in der Streuung der beiden
Populationen nachweisen. Die Homomeritätsannahme des U-Tests
war berechtigt.

5.3. Nichtparametrisches Testen von Unterschieden in der zentralen Tendenz mehrerer Populationen anhand unabhängiger Stichproben: Der H-Test.

5.3.1. Nullhypothese und Alternativhypothese

Ein Unterschiedstest, der sich auf den Vergleich der zentralen Tendenz mehrerer Populationen bezieht, ist der H-Test
von KRUSKAL und WALLIS. Bei diesem Test handelt es sich um
eine Verallgemeinerung des U-Tests von 2 auf k > 2 Populationen. Diese Verallgemeinerung vom U-Test zum H-Test ist

analog dem Übergang vom t-Test zur einfachen Varianzana-
lyse[1].

Genau wie dort wird hier kein sukzessiver Vergleich von jeweils zwei Stichproben, die aus den k Stichproben paarweise
herausgenommen werden, hinsichtlich ihrer zentralen Tendenz
durchgeführt, sondern eine simultane Beurteilung aller k
Stichproben.

Der H-Test prüft somit die Nullhypothese, daß die k verschiedenen Populationen, aus denen unabhängige Stichproben gezogen wurden, identisch sind, gegenüber der Alternativhypothese, daß sich die Populationen (bei Geltung der Homomeritätsannahme) in ihrer zentralen Tendenz voneinander unterscheiden; genauer: daß mindestens eine Population bezüglich ihrer
Lage von den anderen abweicht.

Die Prüfung zielt somit auf eine "Globaldifferenz" zwischen
den Populationen, d.h. es wird keine Aussage darüber ange-
strebt, daß sich beispielsweise die Stichproben 1 und 8 besonders stark von den übrigen Stichproben abheben. Solche
Aussagen können allerdings mit Hilfe sogenannter multipler
Vergleichsverfahren (z.B. Duncan-Test) gemacht werden.

Keinesfalls ist es gestattet, den Simultanvergleich in viele
einzelne sukzessiv durchzuführende Zwei-Stichproben-Verglei-
che zu zerlegen. Eine solche Vorgehensweise ist nicht nur
unökonomisch und mühsam, sie führt vielmehr zu falschen
Schlüssen, da die Einzelvergleiche nicht voneinander unabhängig sind. Der tatsächliche Fehler erster Art ist dadurch
unter Umständen sehr hoch (vgl. zu dieser Problematik, die
hier nicht weiter ausgeführt werden soll, insbesondere RYAN,

---

1) Wir spezifizieren hier allerdings auch nur einen Unterschied im Sinne einer zweiseitigen Fragestellung eines
   Zwei-Stichproben-Tests, nicht jedoch einen "Lokations-
   trend", der einer einseitigen Fragestellung im Zwei-Stichproben-Fall seine Entsprechung hätte.Insoweit ist der H-
   Test nur eine und nicht die einzig mögliche Verallgemeinerung des U-Tests.

1959, 26-47; weiter z.B. SIEGEL, 1956, 159-16o; TATE und
CLELLAND, 1957, 1o5).

5.3.2. <u>Die Prüfgröße H</u>

Die Prüfgröße H, die gegenüber dieser Spezifizierung der Alternativhypothese sensitiv ist, ist ähnlich konstruiert wie
die Prüfgröße des U-Tests. Hatten wir dort zwei Stichproben,
1 und 2, der jeweiligen Größe n und m, die zu einer Menge
von n + m Einheiten zusammengefaßt wurden, so kombinieren wir
hier die k Stichproben, 1, 2 ..., k, mit der jeweiligen Größe,
n_1, n_2, ..., n_k, zu einer neuen Gesamtheit, die $N = n_1 + n_2 +$
... $+ n_k$ Einheiten umfaßt. Auch hier werden die N Einheiten
der kombinierten "Stichprobe" in eine Rangfolge gebracht, indem dem kleinsten Beobachtungswert der niedrigste Rang und
dem größten Beobachtungswert der höchstmögliche Rang, nämlich der N-te Rang, zugeordnet wird. Daraufhin werden die so
vergebenen Ränge wieder nach den k Stichproben sortiert
(vgl. Tabelle 7).

Wenn die k Populationen, aus denen die Stichproben stammen,
in bezug auf ihre zentrale Tendenz übereinstimmen (H_o), so
ist zu erwarten, daß die Ränge, die den Beobachtungswerten
der einzelnen Stichproben zugeordnet wurden, in etwa übereinstimmen. Weichen sie jedoch erheblich voneinander ab, so
kann dies als Nachweis der Geltung der Alternativhypothese
angesehen werden.

Hiervon ausgehend wird die Prüfgröße des Tests, H, entwickelt.
Indikativ für die jeweilige Höhe der Ränge in einer der k
Stichproben ist die Summe der Rangwerte, die den Einheiten
dieser Stichprobe zugeordnet wurden (vgl. Tabelle 7):

$$R_i = \sum_{j=1}^{n_i} R(x_{ij}), \text{ wobei } i=1, \ldots, k \qquad (32)$$

Tabelle 7: Beobachtungswerte und Ränge bei k unabhängigen Stichproben

	Beobachtungswerte			
Stichprobe:	1	2	...	k
	x_{11}	x_{21}	...	x_{k1}
	x_{12}	x_{22}	...	x_{k2}
	.	.		.
	.	.		.
	.	.		.
	x_{1n_1}	x_{2n_2}	...	x_{kn_k}

	Ränge			
Stichprobe:	1	2	...	k
	$R(x_{11})$	$R(x_{21})$	...	$R(x_{k1})$
	$R(x_{12})$	$R(x_{22})$	...	$R(x_{k2})$
	.	.		.
	.	.		.
	.	.		.
	$R(x_{1n_1})$	$R(x_{2n_2})$	...	$R(x_{kn_k})$
Rangsumme:	R_1	R_2	...	R_k

Der Vergleich zwischen den k verschiedenen Stichproben kann anhand dieser Rangsummen leicht durchgeführt werden. Im Falle vieler zu vergleichender Stichproben und angesichts ihrer unterschiedlichen Größe empfiehlt es sich, diesen Vergleich über die Bestimmung der Abweichung der einzelnen stichprobentypischen Rangsummen von ihrem Erwartungswert, $E(R_i)$, durchzuführen.

Diesen Erwartungswert erhalten wir, wenn wir die Gesamtsumme aller N Rangwerte über alle k Stichproben hinweg ihrem Anteil gemäß auf die einzelnen Stichproben verteilen. Die Gesamtsumme der bei bestimmten Stichprobengrößen (n_1, n_2, ..., n_k) möglichen N Rangwerte ist[1)]

$$\sum R(x_{ij}) = \frac{N(N+1)}{2} \tag{33}$$

Der Anteil einer der k Stichproben an dieser Gesamtsumme beträgt

$$\frac{n_i}{N} \tag{34}$$

so daß wir als Erwartungswert einer stichprobenspezifischen Rangsumme erhalten

$$E(R_i) = \frac{n_i}{N} \cdot \frac{N(N+1)}{2} = \frac{n_i(N+1)}{2} \tag{35}$$

Die Abweichungen der tatsächlichen Rangsummen R_i von ihrem Erwartungswert

$$R_i - \frac{n_i(N+1)}{2} \tag{36}$$

sind der Kern der Prüfgröße H.

Da es aber nach der Alternativhypothese nur auf das Ausmaß und nicht auf die Richtung der Abweichung ankommt, wird (36)

---

1) Diese Beziehung kann ebenfalls zur Kontrollrechnung herangezogen werden.

vor der Bildung der Summe über alle k Stichproben hinweg quadriert[1]. Die Größe

$$S = \sum_{i=1}^{k} \left(R_i - \frac{n_i (N+1)}{2} \right)^2 \qquad (37)$$

ist sensitiv gegenüber der uns interessierenden Alternativhypothese. Für große Werte von S kann die Nullhypothese zurückgewiesen werden.

Zwecks Standardisierung beziehen wir vor der Summierung die Abweichungen der beobachteten Rangsumme von ihrem Erwartungswert auf ihre wegen des Zufallsfehlers möglichen Varianz der Rangsumme einer Stichprobe, $\sigma^2_{R_i}$ (Standardfehler). Letztere kann berechnet werden ausgehend von der Varianz der N Rangwerte, s^2:

$$\sigma^2_{R_i} = \frac{s^2}{n_i} \qquad (38)$$

Da s^2 für N Rangwerte

$$s^2 = \frac{N^2-1}{12} \qquad (39)$$

beträgt, ist

$$\sigma^2_{R_i} = \frac{N^2-1}{12\, n_i} \qquad (40)$$

Nach Standardisierung und anschließender Summierung über die k Stichproben erhalten wir den Ausdruck

$$\sum_{i=1}^{k} \frac{\left(R_i - \frac{n_i (N+1)}{2} \right)^2}{\frac{N^2 - 1}{12\, n_i}} \qquad (41)$$

Da diesen Überlegungen das Urnenmodell des Stichprobenziehens ohne Zurücklegen zugrunde liegt, erweitern wir Formel

---

1) Dabei spielt der Charakter von H als χ^2-verteilter Variable ebenfalls eine Rolle.

(41) noch um den Korrekturfaktor $\frac{N-1}{N}$ für endliche Grundgesamtheiten. Das Ergebnis ist

$$H = \frac{N-1}{N} \sum_{i=1}^{k} \frac{\left(R_i - \frac{n_i(N+1)}{2}\right)^2}{\frac{N^2-1}{12} n_i} \tag{42}$$

die Prüfgröße des H Tests. Der Ausdruck (42) kann in den leichter zu berechnenden Ausdruck

$$H = \frac{12}{N(N+1)} \sum_{i=1}^{k} \frac{R_i^2}{n_i} - 3(N+1) \tag{43}$$

umgeformt werden.

5.3.3. Die Wahrscheinlichkeitsverteilung von H

Die Ableitung der exakten Prüfverteilung von H geschieht genauso leicht wie beim U-Test auf kombinatorischem Wege. Wie beim U-Test handelt es sich beim H-Test um einen Rang-Randomisierungstest.

Die N Beobachtungen der k Stichproben können auf

$$\frac{(n_1+n_2\ldots+n_k)!}{n_1! \, n_2!\ldots n_k!} = \frac{N!}{\prod\limits_{i=1}^{k} n_i!} \tag{44}$$

verschiedene Weisen angeordnet werden. Nehmen wir an, es lägen k = 3 Stichproben mit $n_1 = 2$, $n_2 = 3$ und $n_3 = 3$ Untersuchungseinheiten vor, so ergeben sich

$$\frac{N!}{\prod\limits_{i=1}^{k} n_i!} = \frac{8!}{2! \, 3! \, 3!} = 560$$

Möglichkeiten , diese 8 Einheiten auf die 3 Stichproben zu verteilen. Jede einzelne der Anordnungen der Untersuchungseinheiten ist bei Geltung der Nullhypothese gleichwahrscheinlich, nämlich

$$P\,(A) = \frac{1}{\dfrac{N!}{\displaystyle\prod_{i=1}^{k} n_i!}} \qquad (45)$$

Für jede einzelne dieser 560 Anordnungen kann ein H-Wert bestimmt werden. Die Verteilung dieser H-Werte ist unter der
Annahme der Nullhypothese die Wahrscheinlichkeitsverteilung
der Prüfgröße H für die Stichprobenkonstellation unseres Beispiels. Jeder Konstellation von k Stichproben mit jeweils
n_1, n_2 bis n_k spezifischen Stichprobengrößen entspricht jeweils eine exakte Prüfverteilung.

5.3.4. Die Entscheidung des Tests

Durch Festlegung der Irrtumswahrscheinlichkeit α unterteilen
wir auch hier den Wertebereich von H in einen kritischen Bereich und in einen Annahmebereich der Nullhypothese. Der kritische H-Wert, H_α, trennt diese beiden Bereiche.
Wir erhalten ihn, indem wir r_α bestimmen:

$$r_\alpha = \alpha \cdot \frac{N!}{\displaystyle\prod_{i=1}^{k} n_i!} \qquad (46)$$

Sollte die rechte Seite der Gleichung (46) keine ganze Zahl
ergeben, so runden wir, wie beim U-Test, auf die nächstkleinere ganze Zahl ab. Der kritische Wert H_α ist der H-Wert der
r_α-ten Stichprobe ausgehend vom Extremende des oberen Wertebereichs von H. Im Falle unseres Beispiels und einer vorgegebenen Irrtumswahrscheinlichkeit von $\alpha = 0,05$
sind dies

$$r_\alpha = 0,05 \cdot 560 = 28$$

der 560 möglichen Anordnungen, die durch die höchsten H-Werte
charakterisiert sind.

H-Werte, die kleiner als der kritische H_α sind, geben Anlaß
zur Annahme der Nullhypothese; H-Werte, die größer oder
gleich sind, Anlaß zur Ablehnung der Nullhypothese:

Entscheidungsregel:

> Wenn $H < H_\alpha; n_i$, dann Annahme der H_o,
>
> wenn $H \geq H_\alpha; n_i$, dann Ablehnung der H_o.

5.3.5. Asymptotischer H-Test

Die exakte Wahrscheinlichkeitsverteilung von H kann bereits
ab einer relativ kleinen Anzahl von Stichproben mit jeweils
relativ geringer Stichprobengröße durch die χ^2-Verteilung
ersetzt werden. Eine Signifikanzbeurteilung ist bei $k \geq 4$
und $n_i > 5$ mit Hilfe einer χ^2-Verteilung mit (k - 1) Freiheitsgraden mit hinreichender Genauigkeit möglich. In diesen
Fällen ist H_α in etwa χ^2_α mit k - 1 Freiheitsgraden äquivalent, unabhängig von der Größe der einzelnen Stichproben.

Diese Approximation der exakten Prüfverteilung von H durch
die χ^2-Verteilung entspricht der Annäherung der exakten
Wahrscheinlichkeitsverteilung der Prüfgröße U an die Standardnormalverteilung. Bereits bei der Ableitung der Prüfgröße
H konnte man deren Charakter als χ^2- verteilte Variable er-
kennen. H-Werte, die kleiner sind als der kritische χ^2-Wert,
$\chi^2_{\alpha;k-1}$, führen zur Annahme der Nullhypothese, H-Werte, die
größer oder gleich sind, zur Ablehnung der Nullhypothese.

Entscheidungsregel:

> Wenn $H < \chi^2_\alpha;k-1$, dann Annahme der H_o,
>
> wenn $H \geq \chi^2_\alpha;k-1$, dann Ablehnung der H_o .

5.3.6. Beispiel

(1) Aufgabenstellung

Um die für unterschiedliche Organisationstypen (z.B. Gefängnisse, militärische Organisationen, Betriebe usw.) jeweils spezifischen Grundlagen der Machtausübung zu ermitteln, wurde in jeden Organisationstypus für eine zufällige Stichprobe von Funktionsträgern erhoben, wie oft sie ihren Untergebenen bzw. den von ihnen zu Beaufsichtigenden direkt oder indirekt negative Sanktionen androhten, um sie zur Ausübung von Tätigkeiten zu bewegen. Über die Verteilung des Merkmals "Häufigkeit des Androhens negativer Sanktionen" in der Grundgesamtheit ist wenig bekannt. Folgende Stichprobenergebnisse wurden erzielt (vgl. Tabelle 8).

Die Stichprobengrößen betragen:

$$n_A = 7; \ n_B = 6; \ n_C = 7; \ n_D = 7; \ n_E = 6.$$

Insgesamt liegen $N = 33$ Beobachtungen vor.

Tabelle 8

Organisationstyp

A (v.H.)	B (v.H.)	C (v.H.)	D (v.H.)	E (v.H.)
x_{Ai}	x_{Bi}	x_{Ci}	x_{Di}	x_{Ei}
18,1	16,7	24,7	18,2	12,4
24,0	17,4	36,5	25,9	18,8
31,7	22,4	42,1	27,0	19,3
32,3	27,1	43,2	36,6	22,5
35,5	35,8	48,7	37,6	35,1
46,2	22,3	50,4	39,8	11,0
50,2		60,0	40,0	

Unterscheiden sich diese Organisationstypen hinsichtlich des Androhens negativer Sanktionen?

(2) <u>Formulierung der statistischen Hypothesen</u>

Ob bei dem in Frage stehenden Merkmal Intervallskalenniveau
gegeben ist, muß bezweifelt werden; ebenfalls die Normalverteilung für das Merkmal in der Grundgesamtheit. Eine Varianz-
analyse kann nicht durchgeführt werden, wir entscheiden uns
für den H-Test als angemessenem Prüfverfahren.

Es sollen 5 Populationen bezüglich ihrer zentralen Tendenz
anhand unabhängiger Stichproben untereinander verglichen werden. Die Prüfung zielt auf eine "Globaldifferenz" zwischen
den Populationen.

(3) <u>Berechnung der Prüfgröße</u>

Wir überführen zunächst die vorliegenden 33 Stichprobenbeobachtungen in Ränge durch Zusammenfassung aller Beobachtungswerte und jeweilige Kennzeichnung durch einen Rangwert entsprechend ihrer relativen Höhe.

Die Ränge verteilen sich auf die einzelnen Stichproben wie
folgt:

<u>Tabelle 9</u>

<u>Organisationstyp</u>

A	B	C	D	E
$R(x_{Ai})$	$R(x_{Bi})$	$R(x_{Ci})$	$R(x_{Di})$	$R(x_{Ei})$
5	3	13	6	2
12	4	22	14	7
17	1o	27	15	8
18	16	28	23	11
2o	21	3o	24	19
29	9	32	25	1
31		33	26	
$R_1=132$	$R_2=63$	$R_3=185$	$R_4=133$	$R_5=48$

Wir ermitteln die jeweiligen Rangsummen der einzelnen Stichproben und führen eine Kontrollrechnung nach

$$\sum R_i = \sum R(x_{ij}) = \frac{N(N+1)}{2}$$

durch:

$$132 + 63 + 185 + 133 + 48 = 561.$$

Wir berechnen die Prüfgröße H nach Formel (43):

$$H = \frac{12}{33(34)} \cdot \left(\frac{132^2}{7} + \frac{63^2}{6} + \frac{185^2}{7} + \frac{133^2}{7} + \frac{48^2}{6} \right) - 3 \cdot 34$$

$$= 0,0106951 \cdot 10950,928 - 102$$

$$= 117,12127 - 102$$

$$= 15,12127$$

(4) Wahl der Prüfverteilung

Bei $k \geq 4$ und $n_i > 5$ kann statt der exakten Wahrscheinlichkeitsverteilung von H die χ^2-Verteilung mit (k-1) Freiheitsgraden als Prüfverteilung herangezogen werden.

(5) Bestimmung des kritischen Wertes

Wir wählen als statistische Sicherheit 95%. Bei einer Irrtumswahrscheinlichkeit von $\alpha = 0,05$ und 4 Freiheitsgraden beträgt
der kritische χ^2-Wert, $\chi^2_{0,05;\,4} = 9,49$.

(6) Entscheidung

Da $H = 15,12 > \chi^2_{0,05;\,4} = 9,49$,
lehnen wir die Nullhypothese mit einer statistischen Sicherheit von mindestens 95% ab.

(7) Interpretation der Testentscheidung

Die Organisationstypen unterscheiden sich signifikant hinsichtlich des Androhens negativer Sanktionen als Grundlagen

der Machtausübung ihrer Funktionsträger.

5.4. Nichtparametrisches Testen eines Unterschiedes in der zentralen Tendenz zweier Populationen anhand abhängiger Stichproben: Der WILCOXON-Test für Paardifferenzen

5.4.1. Unabhängige und abhängige Stichproben

Neben den Rangtests zur Signifikanzprüfung eines Unterschiedes in der zentralen Tendenz zwischen Populationen anhand unabhängiger Stichproben wurden ebenfalls Rangtests entwikkelt, die die Prüfung eines solchen Unterschiedes anhand abhängiger Stichproben durchführen. Diesen wollen wir uns jetzt zuwenden.

Allgemein handelt es sich bei abhängigen Stichproben um identische Untersuchungseinheiten, an denen zwei oder mehrmals Messungen durchgeführt wurden. Abhängige Stichproben sind ebenfalls sogenannte "matched samples"; hier liegen keine identischen Untersuchungseinheiten vor, vielmehr ist sichergestellt, daß die Angehörigen der unterschiedlichen Stichproben bezüglich bestimmter Merkmale miteinander vergleichbar sind. Dies war bei unserem Ausgangsbeispiel der Fall. Hier entsprach eine Einheit der Stichprobe 1, eine Ehefrau, genau einer bestimmten Einheit der Stichprobe 2, ihrem Ehemann.

5.4.2. Nullhypothese und Alternativhypothese

Dem bereits dargestellten U-Test für unabhängige Stichproben entspricht der WILCOXON-Test für Paardifferenzen, der Unterschiede in Lage anhand zweier abhängiger Stichproben prüft. Er ist der für den Vergleich gepaarter Beobachtungen angemessene nichtparametrische Test. Im Falle gepaarter Beobachtungswerte entspricht jedem Beobachtungswert der Stichprobe 1 ein Beobachtungswert in der Stichprobe 2 in bezug auf eine identische oder vergleichbare Untersuchungseinheit. Die Größe der Stichprobe 1 ist daher gleich der Stichprobengröße von 2.

Wenn man die Stichproben 1 und 2 miteinander vergleicht, braucht dies somit nicht wie beim U-Test für unabhängige Stichproben durch Vergleich _jeder_ Einheit der Stichprobe 1 mit _jeder_ Einheit der Stichprobe 2 zu geschehen; der Vergleich kann sich auf die sich entsprechenden Einheiten, auf die Paare, beschränken. Dies geschieht, indem man jeweils die Differenz zwischen den korrespondierenden x-Einheiten (Stichprobe 1) und y-Einheiten (Stichprobe 2) berechnet:

$$d_i = x_i - y_i \, , \quad i = 1 \ldots n \tag{47}$$

Bei einer Stichprobengröße von n können n solcher Differenzen gebildet werden.

Ist eine x-Einheit größer als eine y-Einheit, so erhalten wir eine positive Differenz:

$$x_i > y_i \Rightarrow d_i > 0 \tag{48}$$

Ist hingegen eine x-Einheit kleiner als eine y-Einheit, so ergibt sich eine negative Differenz:

$$x_i < y_i \Rightarrow d_i < 0 \tag{49}$$

Die positiven Differenzen wollen wir mit d_i^+, die negativen Differenzen mit d_i^- bezeichnen.

Wenn kein Unterschied in der zentralen Tendenz zwischen den beiden Populationen besteht, so wird der Median der Verteilung der d-Werte gleich Null sein. Dies ist die Nullhypothese des WILCOXON-Tests für Paardifferenzen:

$$H_O : \tilde{x}_d = 0 \tag{5o}$$

Die entsprechende Alternativhypothese, in der ein Unterschied in der Lage spezifiziert ist, lautet für die _zweiseitige_ Fragestellung

$$H_a : \tilde{x}_d \neq 0 \tag{51}$$

Entsprechend gilt für die _einseitigen_ Fragestellungen:

a) für den Fall, daß die Einheiten der Stichprobe 1 im
   Mittel größer sind als die der Stichprobe 2

$$H_o : \tilde{x}_d \leq 0$$

$$H_a : \tilde{x}_d > 0 \qquad (52)$$

b) für den Fall, daß die Einheiten der Stichprobe 1 im
   Mittel kleiner sind als die der Stichprobe 2

$$H_o : \tilde{x}_d \geq 0$$

$$H_a : \tilde{x}_d < 0 \qquad (53)$$

5.4.3. Besondere Annahmen des WILCOXON-Tests für Paar-
       differenzen

Die vorliegenden Hypothesenformulierungen sind nur gültig,
wenn die Verteilung der d-Werte _symmetrisch_ ist. Nur bei
Erfüllung dieser Annahme wird der Median der Differenzen bei
Geltung der Nullhypothese Null und entsprechende Abweichungen
werden als Ausdruck einer unterschiedlichen Lage der zu vergleichenden Populationen zu interpretieren sein. Würde man
diese Annahme fallenlassen, so könnten die in den Alternativhypothesen spezifizierten Abweichungen ebenso auf die _Asymme-
trie_ der Populationsverteilungen zurückgehen.

Da sich die Hypothesen auf _Differenzen_ zwischen Stichprobenbeobachtungen beziehen, muß darüber hinaus angenommen werden,
daß die Stichprobenbeobachtungen mindestens in Werten einer
"ordered metric scale" ausgedrückt werden[1]. Ordinales Messen
ist nicht ausreichend. Der WILCOXON-Test für Paardifferenzen
ist somit hinsichtlich des erforderlichen Skalenniveaus unter den Rangtests eine Ausnahme. Demgegenüber ist es _nicht_
notwendig, daß wenigstens eine Intervallskala vorliegt.

---

1) Vgl. zur "ordered metric scale" COOMBS (1950) und SIEGEL
   (1956).

5.4.4. <u>Die Prüfgröße T</u>

Zum Zwecke der Überprüfung dieser Hypothesen werden die aus
den gepaarten Beobachtungswerten der Stichproben 1 und 2 errechneten Differenzen nach ihrem <u>Absolutbetrag</u> (d.h. ohne Be-
rücksichtigung, ob es sich um eine positive oder eine negative Differenz handelt) in eine Rangfolge gebracht. Der kleinsten Differenz wird dabei der Rang 1, der größten Differenz
der Rang n zugewiesen.

Wenn nun kein Unterschied in der zentralen Lage zwischen den
Populationen besteht, d.h. die Stichproben 1 und 2 aus einer
Population stammen, so entsprechen im Schnitt die Ränge der
positiven Differenzen denen der negativen Differenzen. Die
n Rangplätze könnten sich dann beispielsweise wie folgt auf
die positiven und negativen Differenzen verteilen:

Rang einer Differenz	
positive Differenzen d_i^+	negative Differenzen d_i^-
1	2
4	3
.	.
.	.
.	.
n − 3	n − 4
n	n − 1
$\sum R(d_i^+)$	$\sum R(d_i^-)$

Die Rangsumme der positiven Differenzen entspricht in diesem
Falle genau der der negativen Differenzen:

96

$$\sum R\,(d_i^+) = \sum R\,(d_i^-) \tag{54}$$

Die Rangsumme der positiven und negativen Differenzen ist dabei gleich der Gesamtsumme aller möglichen Ränge:

$$\sum R\,(d_i^+) + \sum R\,(d_i^-) = \frac{n\,(n+1)}{2} \tag{55}$$

Wie bei den Größen U und U' des U-Tests ist die eine Rangsumme jeweils das Komplement der anderen.

Sind hingegen die Beobachtungswerte der Stichprobe 1 alle größer als die der Stichprobe 2, so liegen <u>nur positive</u> Differenzen vor:

Rang einer Differenz	
positive Differenzen d_i^+	negative Differenzen d_i^-
1 . . . n	
$\sum R(d_i^+)$	$\sum R(d_i^-)$

In diesem Extremfall erreicht die Rangsumme der positiven Differenzen mit der Gesamtsumme aller möglichen n Ränge

$$\sum R\,(d_i^+) = \frac{n\,(n+1)}{2} \tag{56}$$

ein Maximum. Die Rangsumme der negativen Differenzen ist gleich Null:

$$\sum R\,(d_i^-) = 0 \tag{57}$$

Die Rangsumme der positiven Differenzen ist auch in den Fällen größer als die der negativen Differenzen, in denen positive Differenzen nach Anzahl und Ausmaß gegenüber den negativen Differenzen überwiegen:

$$\sum R (d_i^-) < \sum R (d_i^+) \tag{58}$$

Im umgekehrten Fall der gegenüber den Einheiten der Stichprobe 1 größeren Einheiten der Stichprobe 2 liegt die entgegen-
gesetzte Zuordnung der Ränge vor:

Rang einer Differenz	
positive Differenzen d_i^+	negative Differenzen d_i^-
	1 . . . n
$\sum R(d_i^+)$	$\sum R(d_i^-)$

Dann erreicht die Rangsumme der negativen Differenzen mit der
Gesamtsumme aller möglichen n Ränge ihr Maximum:

$$\sum R (d_i^-) = \frac{n(n+1)}{2} \tag{59}$$

Die Rangsumme der positiven Differenzen ist gleich Null:

$$\sum R (d_i^+) = 0 \tag{60}$$

Auch hier wird die Rangsumme der negativen Differenzen immer
größer sein als die der positiven, bis nach Anzahl und Ausmaß
ein Ausgleich vorliegt:

$$\sum R\,(d_i^-) \;>\; \sum R\,(d_i^+) \tag{61}$$

Als Prüfgröße T, die gegenüber dem in der jeweiligen Alternativhypothese spezifizierten Unterschied sensitiv ist, kann
somit eine der beiden Rangsummen verwendet werden.

5.4.5. Die Wahrscheinlichkeitsverteilung von T

Die für eine beobachtete Stichprobe errechnete Prüfgröße T
muß vor dem Hintergrund ihrer Wahrscheinlichkeitsverteilung
beurteilt werden. Die Ableitung dieser Verteilung erfolgt auf
kombinatorischem Wege.

Nehmen Sie an, es lägen die gepaarten Stichproben 1 und 2
der Größe n = 4 vor. Aufgrund der Vergleiche der einzelnen
x-Werte mit den jeweils korrespondierenden y-Werten ergeben
sich die vier Differenzen:

$$d_1,\ d_2,\ d_3,\ d_4.$$

Die einzelnen Differenzen werden entweder positiv oder nega-
tiv sein, je nachdem ob der jeweilige x-Wert größer oder
kleiner ist als der ihm entsprechende y-Wert. Die Spannweite
der denkbaren Ergebnisse reicht von dem Fall, daß alle Differenzen positiv sind:

$$d_1^+,\ d_2^+,\ d_3^+,\ d_4^+$$

bis hin zum Vorliegen ausschießlich negativer Differenzen:

$$d_1^-,\ d_2^-,\ d_3^-,\ d_4^-.$$

Dazwischen liegen alle möglichen Abfolgen positiver und negativer Differenzen, z.B.

$$d_1^+,\ d_2^+,\ d_3^-,\ d_4^+ \quad \text{oder} \quad d_1^-,\ d_2^+,\ d_3^-,\ d_4^-.$$

Eine Rangordnung dieser Differenzen nach ihren absoluten Werten führt zu entsprechenden Abfolgen der Ränge 1 bis 4 mit
den beiden extremen Abfolgen

und

$$+1, \quad +2, \quad +3, \quad +4$$

$$-1, \quad -2, \quad -3, \quad -4.$$

Da zwei verschiedene Vorzeichen den vier Rängen zugeordnet werden, gibt es insgesamt

$$2^4 = 16$$

mögliche Abfolgen.

Es handelt sich hierbei um Variationen mit Wiederholung von zwei Elementen zur n-ten Klasse, so daß allgemein

$$2^n \tag{62}$$

Anordnungen denkbar sind, die bei Geltung der Nullhypothese alle die gleiche Wahrscheinlichkeit besitzen.

Jeder dieser Abfolgen entspricht eine Rangsumme der negativen Differenzen

$$T^- = \sum R(d_i^-) \tag{63}$$

und eine Rangsumme der positiven Differenzen

$$T^+ = \sum R(d_i^+). \tag{64}$$

Die Wahrscheinlichkeit für jede dieser Anordnungen ist

$$p(A) = \frac{1}{2^n}. \tag{65}$$

In unserem Beispiel ist dies

$$p(A) = \frac{1}{16}.$$

Im folgenden sind die möglichen Abfolgen unseres Beispiels einzeln wiedergegeben (Tabelle 1o).

Tabelle 1o: Spektrum möglicher Anordnungen von vorzeichen-
bewerteten Rängen mit n = 4

An-ordnung Nr.	Vorzeichenbewertete Ränge				T^-	T^+	p(A)
(1)	1	2	3	4	o	1o	1/16
(2)	-1	2	3	4	1	9	1/16
(3)	1	-2	3	4	2	8	1/16
(4)	1	2	-3	4	3	7	1/16
(5)	1	2	3	-4	4	6	1/16
(6)	-1	-2	3	4	3	7	1/16
(7)	-1	2	-3	4	4	6	1/16
(8)	-1	2	3	-4	5	5	1/16
(9)	1	-2	-3	4	5	5	1/16
(1o)	1	-2	3	-4	6	4	1/16
(11)	1	2	-3	-4	7	3	1/16
(12)	-1	-2	-3	4	6	4	1/16
(13)	-1	-2	3	-4	7	3	1/16
(14)	-1	2	-3	-4	8	2	1/16
(15)	1	-2	-3	-4	9	1	1/16
(16)	-1	-2	-3	-4	1o	o	1/16

Hiervon ausgehend kann die Prüfverteilung von T ermittelt
werden, indem wir den Wertebereich von T bestimmen und pro
Ausprägung die relative Häufigkeit errechnen.

Tabelle 11: Wahrscheinlichkeitsverteilung der
Prüfgröße T mit n = 4

T	f_T	$p(T)$
o	1	1/16
1	1	1/16
2	1	1/16
3	2	1/8
4	2	1/8
5	2	1/8
6	2	1/8
7	2	1/8
8	1	1/16
9	1	1/16
1o	1	1/16
$\sum$	16	1,o

Für jede Stichprobengröße n ergibt sich eine spezifische
Wahrscheinlichkeitsverteilung der Rangsumme T.

5.4.6. Die Entscheidung des Tests

Durch die Wahl der Irrtumswahrscheinlichkeit α unterteilen
wir den jeweiligen Wertebereich der Prüfgröße T in den An-
nahme- und den Ablehnungsbereich der Nullhypothese.Der kritische T-Wert, T_α, trennt die beiden Bereiche. Wir erhalten
ihn, indem wir r_α bestimmen:

$$r_\alpha = \alpha \cdot 2^n \tag{66}$$

Ergibt die rechte Seite der Gleichung (66) keine ganze Zahl,
so ist sie - analog zu der im Falle des U-Tests dargestellten
Konvention - auf die nächstkleinere ganze Zahl abzurunden.
Der T-Wert der r_α-ten Anordnung, ausgehend vom Extremende des
Wertebereichs, entspricht dem kritischen Wert, T_α. T-Werte,
die größer sind als der kritische T-Wert, T_α, sind Anlaß zur
Annahme der Nullhypothese; T-Werte, die gegenüber T_α kleiner
oder gleich sind, sind Anlaß zur Ablehnung der Nullhypothese:

$$\boxed{\begin{array}{l} \text{Wenn } T > T_\alpha,n, \text{ dann Annahme der } H_O, \\ \text{wenn } T \leq T_\alpha,n, \text{ dann Ablehnung der } H_O. \end{array}}$$

In unserem Zahlenbeispiel ergäbe sich bei Vorgabe einer Irrtumswahrscheinlichkeit von $\alpha = 0,1o$

$$r_\alpha = 0,1o \cdot 16 = 1,6 \stackrel{\wedge}{=} 1,o .$$

Die Anordnung (1) bildet hier den kritischen Bereich der
Nullhypothese.

Für den Fall der <u>einseitigen</u> Fragestellung, bei der in der
Alternativhypothese vermutet wird, daß Population X im
Schnitt größer ist als Population Y (vgl. Formel 52), ergibt
sich als zweckmäßige Prüfgröße die Rangsumme der negativen
Differenzen, T^-.

T^- hat den Wert O, wenn nur positive Differenzen vorhanden
sind, also der die Spezifizierung dieser Alternativhypothese
in besonderer Weise stützende Extremfall auftritt.

Im Falle der entgegengesetzten Alternativhypothese mit <u>ein-
seitiger</u> Fragestellung mit der Vermutung, daß Population Y
"im Mittel" größer ist als Population X (vgl. Formel 53),
läßt sich der Test in gleicher Weise durchführen. Wenn wir
jedoch weiterhin die Rangsumme der negativen Differenzen als
Prüfgröße verwenden, liegt jetzt allerdings der Ablehnungsbereich der Nullhypothese am oberen Ende des Wertebereichs.

Wie die Größen U und U' des U-Tests verhalten sich jedoch die
Rangsumme der negativen Differenzen, T^-, und die Rangsumme
der positiven Differenzen, T^+, komplementär. Sie besitzen
identische Wahrscheinlichkeitsverteilungen. Wenn wir somit
jetzt die Summe der positiven Differenzen als Prüfgröße heranziehen, kann es bei der oben gegebenen Entscheidungsregel
bleiben.

Die für die <u>zweiseitige</u> Fragestellung des U-Tests beschriebenen Zusammenhänge gelten auch für den WILCOXON-Test für Paardifferenzen. Wegen der Symmetrie der Ablehnungsbereiche an
den beiden Enden der Prüfverteilung ziehen wir auch hier nur
einen der beiden kritischen Werte $T_{(\frac{\alpha}{2})}$ heran. Damit wir bei

der Entscheidungsregel bleiben können, daß bezogen auf den
kritischen Wert relativ große T-Werte zur Annahme der Nullhypothese führen und relativ kleine T-Werte zu ihrer Ablehnung,
verwenden wir immer die kleinere der beiden Rangsummen, T^-
und T^+.

Die <u>Entscheidungsregel</u> lautet dann:

$$\boxed{\begin{array}{l}
\text{Wenn } \min\,(T^-,\ T^+) > T_{(\frac{\alpha}{2}),n}, \text{ dann Annahme der } H_o, \\[2ex]
\text{wenn } \min\,(T^-,\ T^+) \leq T_{(\frac{\alpha}{2}),n}, \text{ dann Ablehnung der } H_o\,.
\end{array}}$$

5.4.7. <u>Asymptotischer WILCOXON-Test für Paardifferenzen</u>

Mit hinreichender Genauigkeit kann die exakte Wahrscheinlichkeitsverteilung von T ab der Stichprobengröße n > 25 durch
die Standardnormalverteilung ersetzt werden:

$$z_T = \frac{T - \mu_T}{\sigma_T} \tag{67}$$

Der Erwartungswert von T ist die Hälfte der Summe aller bei

gegebener Stichprobengröße möglichen Ränge:

$$\mu_T = \frac{n(n+1)}{4} \qquad (68)$$

Die Standardabweichung von T beträgt

$$\sigma_T = \sqrt{\frac{n(n+1)\,(2n+1)}{24}} \qquad (69)$$

so daß die asymptotisch normalverteilte Prüfgröße wie folgt berechnet werden kann:

$$z_T = \frac{T - \dfrac{n(n+1)}{4}}{\sqrt{\dfrac{n(n+1)(2n+1)}{24}}} \qquad (7o)$$

Die <u>Entscheidungsregel</u> lautet:

> Wenn $|z_T| < z_\alpha$, dann Annahme der H_o,
>
> wenn $|z_T| \geq z_\alpha$, dann Ablehnung der H_o.

5.4.8. <u>Beispiel</u>

(1) <u>Aufgabenstellung</u>

Um den möglichen Beitrag einer Broschüre über Probleme der ausländischen Arbeitnehmer in der Bundesrepublik zum Abbau der Vorurteile gegenüber Gastarbeitern abzuschätzen, wurden bei einer Zufallsstichprobe von 26 Personen die Einstellungen gegenüber Gastarbeitern jeweils vor und nach der Lektüre dieser Broschüre anhand einer Einstellungsskala bestimmt. Folgende Meßwertpaare konnten ermittelt werden:

Tabelle 12

Unter-suchungs-einheit	1.Messung x_i	2.Messung y_i	Unter-suchungs-einheit	1.Messung x_i	2.Messung y_i
1	37	21	14	62	64
2	44	34	15	36	84
3	63	67	16	8o	68
4	72	27	17	57	5o
5	26	17	18	79	33
6	39	12	19	38	25
7	26	18	2o	45	22
8	78	28	21	54	14
9	85	6o	22	31	13
1o	83	69	23	91	65
11	75	74	24	35	71
12	56	36	25	4o	8
13	59	7o	26	43	66

(2) Formulierung der statistischen Hypothese

Es werden Populationen bezüglich ihrer zentralen Tendenz anhand abhängiger Stichproben miteinander verglichen. Die Fragestellung des Tests ist einseitig, insoweit als von einer
vorurteilsvermindernden Wirkung ausgegangen wird. In der Alternativhypothese wird demnach vermutet, daß die Einheiten
der Stichproben 1 in der Regel größer sind als Einheiten der
Stichprobe 2.

Die Null- und die Alternativhypothese lauten somit (vgl. Formel 52):

$$H_o : \tilde{x}_d \leq 0$$

$$H_a : \tilde{x}_d > 0$$

(3) <u>Berechnung der Prüfgröße</u>

Zunächst werden die Differenzen der korrespondierenden Beobachtungswerte gebildet. Diese werden ihrem Betrage nach mit Rangwerten entsprechend der relativen Größe charakterisiert und sodann die jeweiligen Rangsummen gebildet. Tabelle 13 zeigt die positiven und negativen Differenzen, deren Rangwerte und die jeweiligen Rangsummen.

$$T^+ = \sum R(d_i^+) = 278 \quad T^- = \sum R(d_i^-) = 73$$

Wir führen eine Kontrollrechnung durch:

$$T^+ + T^- = \frac{n(n+1)}{2}$$

$$278 + 73 = 351$$

Eine der beiden Rangsummen kann als Prüfgröße dienen. Nach der hier vorliegenden Spezifizierung der Alternativhypothese ist T^- die angemessene Prüfgröße.

(4) <u>Wahl der Prüfverteilung</u>

Da n > 25 kann statt der exakten Wahrscheinlichkeitsverteilung die Standardnormalverteilung als Prüfverteilung herangezogen werden.

Wir bestimmen den z-Wert unserer Stichprobenbeobachtungen nach Formel (7o). Wegen der Symmetrie der Standardnormalverteilung spielt es keine Rolle, ob wir bei der Berechnung von z von T^- oder T^+ ausgehen. Es ergeben sich zwei dem Betrag nach übereinstimmende Werte.

$$z_T = \frac{73 - \frac{26 \cdot 27}{4}}{\sqrt{\frac{26 \cdot 27 \cdot 2 \cdot 27}{24}}}$$

$$= \frac{73 - 175,5}{39,74}$$

$$= -2,58$$

Tabelle 13

Untersuchungs-einheit	Stichproben-beobachtungen		Differen-zen		Rangwerte der Differenzen	
	x_i	y_i	d_i^+	d_i^-	$R(d_i^+)$	$R(d_i^-)$
1	37	21	16		12	
2	44	34	1o		7	
3	63	67		4		3
4	72	27	45		23	
5	26	17	9		6	
6	39	12	27		18	
7	26	18	8		5	
8	78	28	5o		26	
9	85	6o	25		16	
1o	83	69	14		11	
11	75	74	1		1	
12	56	36	2o		15	
13	59	7o		11		8
14	62	64		2		2
15	36	84		48		25
16	8o	68	12		9	
17	57	5o	7		4	
18	79	33	46		24	
19	38	25	13		1o	
2o	45	22	33		2o	
21	54	14	4o		22	
22	31	13	18		13	
23	91	65	26		17	
24	35	71		36		21
25	4o	8	32		19	
26	43	66		19		14
					$T^+=278$	$T^-=73$

(5) **Bestimmung des kritischen Wertes**

Als statistische Sicherheit wählen wir 95%. Bei einer Irrtumswahrscheinlichkeit von $\alpha = 0{,}05$ ist der kritische Wert
$z_\alpha = 1{,}64$.

(6) **Entscheidung**

Da $|z_T| = 2{,}58 > z_\alpha = 1{,}64$
lehnen wir die Nullhypothese mit einer statistischen Sicherheit von 95% ab.

(7) **Interpretation der Testentscheidung**

Die Vermittlung von Informationen über Gastarbeiterprobleme
hat hier offenbar eine vorurteilsmindernde Wirkung.

5.5. **Nichtparametrisches Testen von Unterschieden in der
zentralen Tendenz mehrerer Populationen anhand abhängiger Stichproben: Die Rangvarianzanalyse nach FRIEDMAN**

5.5.1. **Nullhypothese und Alternativhypothese**

Auch bei abhängigen Stichproben ist es möglich, die Analyse
von zwei auf mehrere Stichproben zu erweitern. Der FRIEDMAN-
Test prüft die Unterschiede in der zentralen Tendenz zwischen _mehreren_ Populationen anhand abhängiger Stichproben.
Gleich dem H-Test wird hier eine simultane Beurteilung aller
k Stichproben durchgeführt und kein sukzessiver Einzelver-
gleich von jeweils zwei Stichproben.

Allerdings ist der FRIEDMAN-Test nicht - wie beim U-Test bezogen auf den H-Test - eine Erweiterung des WILCOXON-Tests
für Paardifferenzen. Vielmehr unterscheidet sich der FRIED-
MAN-Test in der Art der Zuweisung der Ränge beträchtlich von
seinem auf den Zwei-Stichproben-Fall bezogenen Gegenstück.
Seine Entsprechung für den Zwei-Stichproben-Fall findet der
FRIEDMAN-Test beim SPEARMANschen Rangkorrelationskoeffizien-
ten (vgl. FRIEDMAN 1937, 694).

Die spezifische Problemsituation, für die der Test angemessen ist, kann wie folgt charakterisiert werden: n Individuen sind hintereinander mit k unterschiedlichen Gegebenheiten (z.B. experimentellen Behandlungen) konfrontiert. Die jeweiligen Reaktionen auf die k Gegebenheiten sollen auf Unterschiede hin geprüft werden[1].

Es liegen mit diesen k Reaktionsreihen k abhängige Stichproben 1, 2, ... k der Größe n vor. Der FRIEDMAN-Test prüft die Nullhypothese, daß sich die k Populationen, denen diese Stichproben entstammen, bezüglich ihrer zentralen Tendenz nicht voneinander unterscheiden, die verschiedenen Situationen also keine unterschiedlichen Reaktionen hervorrufen. Demgegenüber vermutet die Alternativhypothese eine solche Differenz. Wie beim H-Test entspricht diese Spezifizierung der Alternativhypothese der der zweiseitigen Fragestellung im Zwei-Stichproben-Fall.

Anzumerken ist, daß wir neben den Wirkungen der unterschiedlichen Situationen auch die Wirkungen der Unterschiedlichkeit von Individuen bzw. Individuengruppen testen können. Zu diesem Zwecke müssen wir die im folgenden beschriebene Prozedur lediglich umkehren. Die Reaktionen werden dann nicht bei Konstanz des Individuums über die Situationen, sondern umgekehrt bei Konstanz der Situation über die Individuen hinweg verglichen.

5.5.2. Die Prüfgröße χ^2_R

Die Ausgangswerte der Datenanalyse, die Beobachtungswerte, können wie folgt dargestellt werden (Tabelle 14).

---

1) Anstatt einzelner Individuen, die aufeinanderfolgend unterschiedlichen Situationen ausgesetzt sind, können wir auch davon ausgehen, daß die Reaktionen vergleichbarer Individuen auf unterschiedliche Situationsgegebenheiten erhoben wurden.

Tabelle 14: Beobachtungswerte bei k abhängigen Stichproben

Einheiten	Stichproben (Situationen)			
	1	2	. . .	k
1	x_{11}	x_{21}	. . .	x_{k1}
2	x_{12}	x_{22}	. . .	x_{k2}
.	.			.
.	.			.
.	.			.
n	x_{1n}	x_{2n}	. . .	x_{kn}

Pro Situation liegt bezogen auf eine Einheit oder eine Gruppe von Einheiten bzw. vergleichbare Einheiten oder eine Gruppe vergleichbarer Einheiten eine Reaktion vor.

Im Gegensatz zum H-Test erfolgt hier jedoch vor der Rangzuweisung keine Vereinigung der Beobachtungswerte in einer kombinierten Stichprobe. Die Zuordnung der Ränge erfolgt vielmehr getrennt für jede Einheit über die k Situationen hinweg (Tabelle 15).

Tabelle 15: Rangwerte bei k abhängigen Stichproben

Einheiten	Stichproben (Situationen)				$\sum\limits_{i=1}^{k}$
	1	2	...	k	
1	$R(x_{11})$	$R(x_{21})$	...	$R(x_{k1})$	$\dfrac{k(k+1)}{2}$
2	$R(x_{12})$	$R(x_{22})$	...	$R(x_{k2})$	$\dfrac{k(k+1)}{2}$
.	.			.	.
.	.			.	.
.	.			.	.
n	$R(x_{1n})$	$R(x_{2n})$	...	$R(x_{kn})$	$\dfrac{k(k+1)}{2}$
$\sum\limits_{j=1}^{n}$	T_1	T_2	...	T_k	$\dfrac{n\,k(k+1)}{2}$

<u>Pro Einheit</u> wurden somit 1, ..., k Ränge vergeben. Der
kleinste Beobachtungswert erhält den ersten Rang, der
höchste den k-ten Rang. Die Rangsumme beträgt damit einheitlich für <u>jede</u> der n Einheiten

$$\sum_{i=1}^{k} R(x_{ij}) = \frac{k(k+1)}{2},$$

$$\text{wobei } j = 1 \ldots n \tag{71}$$

Wenn nun die verschiedenen Situationen unterschiedliche Reaktionen hervorrufen, so werden in charakteristischer Weise
bei einer Situation die relativ niedrigen, bei einer anderen die relativ hohen Rangwerte auftreten. Die Summe der
Ränge pro Situation über die n Einheiten hinweg

$$T_i = \sum_{j=i}^{n} R(x_{ij}),$$

$$\text{wobei } i = 1 \ldots k$$

wird je nachdem, ob sich die hohen oder die niedrigen Ränge
bei der in Frage stehenden Situation häufen, hoch oder
niedrig sein. Untereinander werden sich die Rangsummen dann
unterscheiden.

Sind demgegenüber in den Reaktionen keine Unterschiede vorhanden, so sind die k möglichen Ränge pro Einheit auf die
k Situationen zufallsverteilt. Die Summen der Rangwerte pro
Situation werden dann übereinstimmen, da ja keine systemati-
schen Gruppierungen von niedrigen und hohen Rangwerten auf
einzelne Situationen vorliegen.

In der Höhe der einzelnen situationsspezifischen Rangsummen
spiegelt sich also die unterschiedliche Wirkung verschiedener Situationen wider. Eine Prüfgröße, die sensitiv gegenüber der uns interessierenden Spezifizierung der Alternativhypothese ist, kann vom Vergleich dieser Rangsummen ausgehen.

Wie beim H-Test werden die einzelnen Rangsummen nicht untereinander verglichen, sondern durch Bestimmung der Abweichungen der einzelnen Rangsummen von ihrem Erwartungswert der
notwendige Vergleich durchgeführt.

Den Erwartungswert $E\,(R_i)$ erhalten wir, wenn wir die Summe
aller möglichen Ränge gleichmäßig auf die einzelnen Situationen verteilen. Die Gesamtsumme dieser Ränge ergibt sich als
die Summe der pro Einheiten über die Situation hinweg ver-
gebbaren Rangwerte. Je Einheit beträgt die Rangsumme

$$\frac{k\,(k+1)}{2}$$

(vgl. Formel 71).

Bei n Einheiten ist die Gesamtsumme möglicher Rangwerte

$$\sum_{i=1}^{k}\ \sum_{j=1}^{j}\ (x_{ij}) = \frac{n\,k\,(k+1)}{2} \tag{72}$$

Wird diese Summe gleichmäßig auf die k Situationen verteilt,
so ergibt sich der Erwartungswert der Rangsummen pro Situation als

$$E\,(T_i) = \frac{nk\,(k+1)}{2k} = \frac{n\,(k+1)}{2} \tag{73}$$

Die einzelnen Abweichungen der situationsspezifischen Rangwerte der Stichprobe von ihren Erwartungswerten

$$T_i - \frac{n\,(k+1)}{2} \tag{74}$$

sind der Kern der Prüfgröße des FRIEDMAN-Tests.

Um den Effekt der unterschiedlichen Richtung der Abweichungen zu eliminieren, werden diese vor der Summenbildung quadriert[1]. Die Größe

$$S = \sum_{i=1}^{k} \left(T_i - \frac{n(k+1)}{2} \right)^2 \tag{75}$$

ist sensitiv gegenüber der Spezifizierung der Alternativhypothese. Bei großen Werten von S ist die Nullhypothese abzulehnen.

Zwecks Standardisierung beziehen wir die Abweichungsquadrate noch auf die wegen des Stichprobenfehlers mögliche Varianz der Rangwerte über die k Situationen hinweg. Diese Varianz beträgt für eine einzelne Einheit über die k Situation

$$\sigma^2_{R_{ij}} = \frac{k^2-1}{12} \tag{76}$$

Die gesuchte Varianz über alle k Situationen und alle n Einheiten hinweg ergibt daher

$$\sigma^2_{T_i} = \frac{n(k^2-1)}{12} \tag{77}$$

Den Ausdruck

$$\sum_{i=1}^{k} \frac{\left(T_i - \frac{n(k+1)}{2} \right)^2}{\frac{n(k^2-1)}{12}} \tag{78}$$

gewichten wir noch mit dem Korrekturfaktor für endliche Grundgesamtheiten

$$\frac{k-1}{k}$$

---

[1] Dabei spielt - wie beim H-Test - der Charakter von χ^2_R als χ^2-verteilter Variable ebenfalls eine Rolle.

Das Ergebnis ist die Prüfgröße χ_R^2 des FRIEDMAN-Tests:

$$\chi_R^2 = \frac{k-1}{k} \sum_{i=1}^{k} \frac{\left(T_i - \frac{n(k+1)}{2}\right)^2}{\frac{n(k^2-1)}{12}} \qquad (79)$$

Der Ausdruck (79) kann umgeformt werden in den leichter zu berechnenden Ausdruck

$$\chi_R^2 = \frac{12}{nk(k+1)} \sum T_i^2 - 3n(k+1) \qquad (80)$$

5.5.3. <u>Die Wahrscheinlichkeitsverteilung von χ_R^2</u>

Die Ableitung der exakten Prüfverteilung von χ_R^2 erfolgt wie bei den bereits besprochenen Tests mit Hilfe der Kombinatorik. Die k verschiedenen Ränge können pro Einheit in k! verschiedener Weise angeordnet werden. Bei n Einheiten sind insgesamt

$$(k!)^n \qquad (81)$$

verschiedene Anordnungen möglich.

Bei einer Stichprobengröße von n = 5 Einheiten und k = 3 Situationen sind dies bereits

$$(3!)^5 = 6^5 = 7776$$

Anordnungen. Alle diese Anordnungen haben bei Geltung der Nullhypothese die gleiche Wahrscheinlichkeit. Die Wahrscheinlichkeit einer einzelnen Anordnung beträgt

$$p(A) = \frac{1}{(k!)^n} \qquad (82)$$

In unserem Zahlenbeispiel ist dies

$$p(A) = \frac{1}{7776} = 0,0001286$$

eine verschwindend kleine Einzelwahrscheinlichkeit.

Jeder der Anordnungen entspricht ein Wert der Prüfgröße χ_R^2. Die Verteilung dieser χ_R^2-Werte ist die Wahrscheinlichkeitsverteilung für den spezifischen Fall einer bestimmten Stichprobengröße von n Einheiten und einer bestimmten Anzahl von k Situationen.

5.5.4. Die Entscheidung des Tests

Indem wir den Wert der Irrtumswahrscheinlichkeit α festsetzen, zerlegen wir den Wertebereich der Prüfgröße χ_R^2 in den Annahme- und in den Ablehnungsbereich der Nullhypothese. Der kritische Wert, $\chi_{R\alpha}^2$, trennt diese beiden Bereiche. Wir erhalten ihn, indem wir r_α bestimmen:

$$r_\alpha = \alpha \ (k!)^n \tag{83}$$

Ergibt die rechte Seite der Gleichung (83) keine ganze Zahl, so runden wir auf die nächstkleinere ganze Zahl ab. Der χ_R^2-Wert der r_α-ten Anordnung, ausgehend vom Extremende des oberen Wertebereichs, ist der kritische χ_R^2-Wert, $\chi_{R\alpha}^2$. Für unser Zahlenbeispiel und einer vorgegebenen Irrtumswahrscheinlichkeit von $\alpha = 0,05$ ergeben sich

$$r_\alpha = 0,05 \cdot 7776 = 388,8.$$

χ_R^2-Werte, die kleiner sind als der kritische Wert $\chi_{R\alpha}^2$, führen zur Annahme der Nullhypothese; χ_R^2-Werte, die größer oder gleich dem kritischen Wert sind, zur Ablehnung der Nullhypothese.

Entscheidungsregel:

$$\text{Wenn } \chi^2 < \chi^2_{R\alpha},n,k, \text{ dann Annahme der } H_o,$$
$$\text{wenn } \chi^2 \geq \chi^2_{R\alpha},n,k, \text{ dann Ablehnung der } H_o.$$

5.5.5. Asymptotischer FRIEDMAN-Test

Die exakte Prüfverteilung von χ^2_R nähert sich bei kleineren Stichproben und geringer Anzahl von Situationen der χ^2-Verteilung. Mit hinreichender Genauigkeit kann dann eine Signifikanzbeurteilung anhand einer χ^2-Verteilung mit (k-1) Freiheitsgraden durchgeführt werden. Lediglich für k = 3 und k = 4 und Stichproben von n < 10 bzw. n < 5 ist eine solche Approximation zu ungenau. Wie beim H-Test entspricht diese Approximation an die χ^2-Verteilung der an die Standardnormalverteilung im Zwei-Stichproben-Fall. χ^2_R-Werte, die größer oder gleich dem kritischen Wert sind, führen zur Ablehnung der Nullhypothese.

Entscheidungsregel:

$$\text{Wenn } \chi^2_R < \chi^2_\alpha , k-1, \text{ dann Annahme der } H_o,$$
$$\text{wenn } \chi^2_R \geq \chi^2_\alpha , k-1, \text{ dann Ablehnung der } H_o.$$

5.5.6. Beispiel

(1) Aufgabenstellung

Für die acht Abteilungen eines Fertigungsbetriebes wurden über ein Jahr hinweg jeweils bezogen auf die einzelnen Arbeitstage der Woche anhand von Stichproben aus der Produktion durchschnittliche Fehlerraten ermittelt. Über die Verteilung der Fehlerraten in der Grundgesamtheit ist nichts bekannt. Folgende Stichprobenergebnisse werden erzielt:

Tabelle 16

		Wochentage			
Abteilung Nr.	Mo	Di	Mi	DO	Fr
1	6,5	6,3	8,0	11,0	9,5
2	12,4	8,4	6,7	4,7	10,9
3	15,0	3,7	4,6	2,7	3,2
4	10,4	3,1	7,1	3,6	7,8
5	5,1	4,9	4,1	3,3	4,8
6	3,9	3,0	10,0	3,8	5,3
7	5,5	5,0	4,5	4,3	7,3
8	5,6	3,5	4,2	5,4	4,4

Zu überprüfen ist, ob die Fehlerraten wochentagspezifisch
sind.

(2) Formulierung der statistischen Hypothesen

Fünf Populationen sollen hinsichtlich ihrer zentralen Tendenz anhand abhängiger Stichproben miteinander verglichen
werden. Die Prüfung bezieht sich auch hier auf eine "Globaldifferenz".

Da nicht angenommen werden soll, daß die Fehlerraten in der
Grundgesamtheit normalverteilt sind, führen wir den FRIEDMAN-
Test als angemessenes Prüfverfahren durch.

(3) Berechnung der Prüfgröße

Wir überführen zunächst die fünf Stichprobenbeobachtungen
gesondert für jede Abteilung über die Wochentage hinweg in
Rangwerte und bestimmen die Rangsummen je Wochentag. Die
Ränge verteilen sich auf wie folgt:

Tabelle 17

Abteilung Nr.	Wochentage				
	Mo	Di	Mi	Do	Fr
1	2	1	3	5	4
2	5	3	2	1	4
3	5	3	4	1	2
4	5	1	3	2	4
5	5	4	2	1	3
6	3	1	5	2	4
7	4	3	2	1	5
8	5	1	2	4	3
T_i :	34	17	23	17	29

Wir führen eine Kontrollrechnung durch:

$$T_{Mo} + T_{Di} + T_{Mi} + T_{Do} + T_{Fr} = \frac{n\ k(k+1)}{2}$$

$$34 + 17 + 23 + 17 + 29 = 120$$

und berechnen die Prüfgröße χ_R^2 nach Formel (80):

$$\chi_R^2 = \frac{12}{8 \cdot 5\ (5+1)} \cdot \left(34^2 + 17^2 + 23^2 + 17^2 + 29^2\right)$$
$$- 3 \cdot 8\ (5 + 1)$$

$$= 0,05 \cdot 3104 - 144$$

$$= 155,2 - 144$$

$$= 11,2$$

(4) Wahl der Prüfverteilung

Da $k = 5$ und $n = 8$ kann anstelle der exakten Wahrscheinlichkeitsverteilung von χ_R^2 die χ^2-Verteilung mit $(k-1)$ Freiheitsgraden als Prüfverteilung herangezogen werden.

(5) Bestimmung des kritischen Wertes der Prüfverteilung

Als statistische Sicherheit wählen wir 95%. Bei einer Irrtumswahrscheinlichkeit von $\alpha = 0{,}05$ und 4 Freiheitsgraden beträgt der kritische χ^2-Wert, $\chi_{0{,}05;4}^2 = 9{,}49$.

(6) Entscheidung

Da $\chi_R^2 = 11{,}2 > \chi_{0{,}05;4}^2 = 9{,}49$,
lehnen wir die Nullhypothese ab.

(7) Interpretation der Testentscheidung

Die Fehlerrate in der Produktion ist wochentagspezifisch.

(8) Eine neue Aufgabenstellung

Wie wir bereits zu Beginn unserer Ausführungen zum FRIEDMAN-Test zum Ausdruck brachten, ist es anhand der vorliegenden Beobachtungswerte auch möglich zu untersuchen, ob die Fehlerrate abteilungsspezifisch ist.
Wir müssen hier jedoch anmerken, daß die Untersuchung beider Fragen, ob die Fehlerrate wochentagspezifisch und abteilungsspezifisch ist, an ein und demselben Datenmaterial unzulässig wäre. Die entsprechenden Tests sind nicht unabhängig voneinander. Wir wollen hier jedoch davon absehen, daß die Daten bereits im vorherigen Beispiel verwandt wurden.

Im Falle der neuen Aufgabenstellung erfolgt die Rangzuweisung gesondert für jeden Wochentag über alle acht Abteilungen hinweg. War eben $n = 8$ und $k = 5$, so ist jetzt $n = 5$ und $k = 8$. Sodann werden die abteilungsspezifischen Rangsummen ermittelt. Die Ränge verteilen sich wie folgt:

Tabelle 18

| | Abteilung Nr. | | | | | | | |
Wochentage	1	2	3	4	5	6	7	8
Mo	5	7	8	6	2	1	3	4
Di	7	8	4	2	5	1	6	3
Mi	7	5	4	6	1	8	3	2
Do	8	6	1	3	2	4	5	7
Fr	7	8	1	6	3	4	5	2
T_i :	34	34	18	23	13	18	22	18

Wir führen die Kontrollrechnung durch:

$$T_1 + T_2 + T_3 + T_4 + T_5 + T_6 + T_7 + T_8 = \frac{n\ k(k+1)}{2}$$

$$34 + 34 + 18 + 23 + 13 + 18 + 22 + 18 = 180$$

und berechnen die Prüfgröße χ^2_R nach Formel (80):

$$\chi^2_R = \frac{12}{5 \cdot 8(8+1)} \cdot \left(34^2 + 34^2 + 18^2 + 23^2 + 13^2 + 18^2 + 22^2 + 18^2\right)$$

$$- 3 \cdot 5 \cdot (8 + 1)$$

$$= 0,0333 \cdot 4466 - 135$$

$$= 148,87 - 135$$

$$= 13,87$$

Auch in diesem Falle kann die χ^2-Verteilung mit (k-1) Freiheitsgraden als Prüfverteilung herangezogen werden.
Bei einer statistischen Sicherheit von 95% beträgt der kritische χ^2-Wert, $\chi^2_{0,05;7} = 14,1$.
Da $\chi^2_R = 13,87 < \chi^2_{0,05;7}$ nehmen wir die Nullhypothese an.
Die Fehlerrate in der Produktion konnte demnach <u>nicht</u> als
abteilungsspezifisch nachgewiesen werden.

5.6. Die Kontinuitätsannahme des Rangtests

Bei der Behandlung der einzelnen Rangtests und der Illustration ihrer Anwendung anhand von Beispielen, haben wir nie eine Annahme explizit gemacht, die die grundlegende Voraussetzung der Anwendung dieser Rangtests ist: Die Annahme der kontinuierlichen (stetigen) Verteilung des in Frage stehenden Merkmals in der Grundgesamtheit.

Eine solche Voraussetzung ist deshalb unerläßlich, weil ohne sie eine eindeutige Zuordnung von Rängen zu Beobachtungswerten nicht möglich ist. Eine zweifelsfreie Zuweisung kann nur durchgeführt werden, wenn sich alle Stichprobenbeobachtungen wertmäßig voneinander unterscheiden, d.h., wenn nur unterschiedlich große Beobachtungswerte vorliegen.

Machen wir uns dies an einem Beispiel klar. Nehmen wir an, es lägen die Stichprobenbeobachtungen

$$x_i: \quad 67; \ 73; \ 87; \ 90; \ 92; \ 99$$

vor. Die Zuweisung von Rängen kann hier eindeutig vorgenommen werden:

$$R(x_i): \quad 1; \ 2; \ 3; \ 4; \ 5; \ 6.$$

Anders hingegen bei der folgenden Reihe von Beobachtungswerten:

$$x_i^*: \quad 71; \ 75; \ 86; \ 86; \ 91; \ 105.$$

Hier ist eine zweifelsfreie Rangzuweisung nur bei den beiden ersten Werten 71 und 75, und den beiden letzten Werten, 91 und 105, möglich. Erstere erhalten die Ränge 1 und 2, letztere die Ränge 5 und 6. Welcher Rang jeweils einem der beiden mittleren Werte zugeordnet werden kann, ist unbestimmt, da beide gleich groß sind. Erhält die erste 86 den Rang 3 und die zweite 86 den Rang 4 oder umgekehrt? Die Beantwortung dieser Frage ist ohne Bedeutung, wenn beide

Beobachtungen Einheiten ein und derselben Stichprobe sind. Von Bedeutung für die Höhe des Wertes der Prüfgröße ist dies jedoch, wenn die Einheiten aus verschiedenen Stichproben stammen.

Die zweite Reihe der Beobachtungswerte x_i^*, bei denen eine eindeutige Rangzuweisung nicht möglich ist, ist jedoch relativ unwahrscheinlich, wenn ein in der Grundgesamtheit kontinuierlich verteiltes Merkmal vorliegt. Der Wertebereich eines kontinuierlich verteilten Merkmals hat im Gegensatz zu dem eines diskret verteilten Merkmals unendlich viele Ausprägungen. Die Folge davon ist, daß die Punktwahrscheinlichkeit einer jeden dieser Ausprägungen verschwindend klein ist. Bei der Stichprobenziehung ist damit die mehrmalige Realisation eines bestimmten Beobachtungswertes im höchsten Grade unwahrscheinlich.

In der Praxis führen die verhältnismäßig rohen Meßverfahren jedoch oft zu übereinstimmenden Meßwerten. Man sagt, es liegen "Bindungen" (engl. "ties") vor. Im Meßprozeß ist es nicht möglich die feinen Nuancierungen, in denen sich die Wirklichkeit darbietet, adäquat zu erfassen. Nicht einzelne Werte werden registriert, sondern -aufgrund der fehlenden Sensibilität des Instruments - ganze Wertebereiche. Die Wahrscheinlichkeit, daß bestimmte <u>Meß</u>werte mehrmals vorkommen, erhöht sich dadurch beträchtlich. Dies jedoch nicht wegen der Nichterfüllung der Kontinuitätsannahme, sondern wegen der Ungenauigkeit des Meßapparates.

Bei der Anwendung von Rangtests ist es nun gebräuchlich, daß man die Ränge, die man den nicht zu unterscheidenden Beobachtungswerten bei Unterschiedlichkeit zugeordnet hätte, mittelt und den sich ergebenden mittleren Rang den einzelnen gleichwertigen Stichprobenbeobachtungen zuweist. Im Falle unseres Beispiels erhalten die beiden Beobachtungswerte 86 jeweils den Rang $(3 + 4)/2 = 3,5$. Bei mehr als zwei gleichen Werten wird sinngemäß verfahren.

Welche Auswirkungen hat diese Vorgehensweise? Da der höhere Rang der dem einen Beobachtungswert zugewiesen wird, 3,5 gegenüber 3, durch einen entsprechend niedrigeren Rang, 3,5 gegenüber 4, beim anderen Beobachtungswert wieder ausgeglichen wird, bleibt die Summe der Rangwerte und damit der Mittelwert der Rangreihe gleich. Nicht so die Varianz der Rangreihe. Sie ist kleiner gegenüber der einer Rangreihe mit eindeutiger Rangzuweisung.

Es ist jedoch äußerst aufwendig, eine demgemäße Korrektur bei der Ableitung der exakten Wahrscheinlichkeitsverteilung vorzunehmen. Praktisch würde die Entscheidung, die exakte Wahrscheinlichkeitsverteilung entsprechend zu berichtigen, dazu führen, bei gegebener Stichprobengröße für jede mögliche Kombination gleicher Werte eine exakte Wahrscheinlichkeitsverteilung abzuleiten.

Im Falle asymptotischer Tests ist eine Verbesserung jedoch relativ einfach. Hier wird die Korrektur entweder durch Modifizierung des Standardfehlers der Prüfgröße im Ausdruck

$$z_T = \frac{T - \mu_T}{\sigma_T} \tag{84}$$

vorgenommen oder der errechnete Wert der Prüfgröße wird entsprechend gewichtet.

Zentrale Größe der Korrektur ist dabei die Streuung der Ränge, die den gleichgroßen Werten bei Unterschiedlichkeit zugeordnet worden wären. Bezeichnen wir die Anzahl der Beobachtungen, die alle einen bestimmten Wert besitzen, mit t, so ist die Streuung, um die die Bereinigung zu erfolgen hat (ausgedrückt in der Summe der Abweichungsquadrate)

$$\frac{t^3 - t}{12} \tag{85}$$

Wenn nun nicht nur ein Meßwert, sondern mehrere Meßwerte
mehrmals vorkommen, so muß die Korrektur entsprechend oft
erfolgen. Kommen g-mal Werte mehrmals vor, so ist der Wert,
der zwecks Bereinigung abgezogen werden muß

$$\sum_{i=1}^{g} \frac{t_i^3 - t_i}{12} \tag{86}$$

Von praktischer Bedeutung ist eine solche Korrektur allerdings erst dann, wenn von allen Stichprobenbeobachtungen
<u>mindestens einem Viertel</u> nicht eindeutig Ränge zugewiesen
werden kann.

Der entsprechend korrigierte Standardfehler lautet beim
U-Test

$$\sigma_{U_{korr.}} = \sqrt{\left(\frac{n \cdot m}{(n+m)(n+m-1)}\right)\left(\frac{(n+m)^3 - (n+m)}{12} - \sum_{i=1}^{g} \frac{t_i^3 - t_i}{12}\right)} \tag{87}$$

Diese Größe ist statt σ_U in Formel (31) einzusetzen.

Beim H-Test erfolgt die Bereinigung durch Gewichtung des
nach Formel (43) errechneten Wertes der Prüfgröße:

$$H_{korr.} = \frac{H}{1 - \dfrac{\sum\limits_{i=1}^{g} t_i^3 - t_i}{N^3 - N}} \tag{88}$$

Die Durchführung der Korrektur führt zu einem größeren Betrag der jeweiligen Prüfgröße, so daß eine unkorrigierte Prüfgröße eher Anlaß zur Annahme der Nullhypothese ist als eine korrigierte. Ein Weglassen der Korrektur impliziert folglich ein vergleichsweise konservatives Testen.

Im Falle der beiden anderen in diesem Bande dargestellten Rangtests, die von abhängigen Stichproben ausgehen, WILCOXON-Test für Paardifferenzen und FRIEDMANsche Rangvarianzanalyse, wird in der Regel auf eine Korrektur verzichtet. Die Differenzenbildung beim WILCOXON-Test und die besondere Zuordnungsregel der Ränge beim FRIEDMAN-Test führen dazu, daß die Notwendigkeit der Zuweisung gemittelter Ränge weniger oft gegeben ist und die damit nur geringfügigen Auswirkungen auf die jeweilige Prüfgröße vernachlässigt werden können (für den FRIEDMAN-Test siehe FRIEDMAN, 1937, 681).

Beim WILCOXON-Test treten allenfalls Schwierigkeiten beim ähnlich gelagerten Problem der Nulldifferenzen auf, da der Test auf dem Vergleich der Rangsummen der positiven und der negativen Differenzen beruht. Kommen s solcher Nulldifferenzen

$$x_i = y_i \;\Rightarrow\; d_i = 0 \qquad\qquad (89)$$

wobei i = 1, ..., s

vor, so geht der Test bei den weiteren Berechnungen nur von den (n - s) verbleibenden Differenzen aus, die eindeutig als positive oder als negative Differenzen charakterisiert werden können.

Die optimale Vorgehensweise gegenüber der dargestellten Zuweisung mittlerer Ränge wäre die Zuordnung von Rangwerten nach einem Zufallsverfahren. Der damit verbundene Aufwand ist jedoch so groß, daß es sich verbietet, dies als eine allgemein zu praktizierende Lösung vorzuschlagen. Einzel-

heiten zu diesem und weiteren Verfahren, die ähnlich aufwendig sind, können entsprechenden Spezialabhandlungen entnommen werden (z.B. PUTTER, 1955, 368-386; BRADLEY, 1968, 48-54).

6. Nichtparametrische Statistik und sozialwissenschaftliche Datenanalyse

In der Diskussion der nichtparametrischen Verfahren in Abschnitt 3 haben wir einige Vorzüge betont, die diese Prozeduren gegenüber den parametrischen Vorgehensweisen besitzen: Sie können bereits auf der Ebene des nominalen oder des ordinalen Messens Verwendung finden und erfordern keine strengen Verteilungsannahmen. Offenbar handelt es sich somit um Vorgehensweisen, die der Datenlage der Sozialwissenschaften im besonderen Maße angemessen sind.

Es besteht jedoch Anlaß, der These, daß nichtparametrische Verfahren die Methode der Wahl in der sozialwissenschaftlichen Datenanalyse seien, Skepsis entgegenzubringen. Diese Skepsis geht dabei weniger darauf zurück, daß der spezifische Vorteil nichtparametrischer Verfahren, die Breite der Verwendbarkeit, durch den spezifischen Nachteil der geringeren Teststärke kompensiert wird. Vielmehr ist zu befürchten, daß das Postulat von der besonderen Adäquanz nichtparametrischer Verfahren den Verzicht auf Verbesserungsversuche sozialwissenschaftlicher Meßverfahren nach sich zieht. Man begnügt sich dann damit, die mangelnde Sensibilität sozialwissenschaftlicher Meßverfahren gegenüber Nuancierungen im Erscheinungsbild der Wirklichkeit hinzunehmen, und paßt sich in den Analyseverfahren an. Eine solche Praxis verurteilt John W. TUKEY als das Betreiben von "nonparametric statistics for nonparametrism's sake" (TUKEY, 1969). Eine fruchtbare Weiterentwicklung sozialwissenschaftlicher Methoden würde dadurch empfindlich gestört.

Grundsätzlich sind auch bei unbefriedigender Datenlage parametrische und nichtparametrische Vorgehensweisen eher als sich ergänzend denn als Gegensätze zu betrachten und stets bezogen auf das zu lösende Forschungsproblem zu bewerten. So wird man parametrische Verfahren _immer_ den nichtparametrischen vorziehen, wenn die entsprechenden Verteilungsannahmen und Skalenvoraussetzungen gegeben sind. Allenfalls können in diesem Falle nichtparametrische Verfahren wegen ihrer Rechenökonomie zur überschlägigen Prüfung herangezogen werden.

Sind demgegenüber die Annahmen <u>nicht</u> erfüllt, so sollte man, bevor ein nichtparametrisches Verfahren eingesetzt wird, überprüfen, ob die parametrische Alternative nicht <u>robust</u> genug ist, um dennoch angewandt zu werden. Unter Robustheit eines Verfahrens versteht man dabei dessen Eigenschaft, durch Abweichungen der Daten von den Modellannahmen nicht systematisch in seiner Möglichkeit beeinträchtigt zu werden, gültige Ergebnisse zu liefern. Immer ist auch damit zu rechnen, daß die nichtparametrische Alternative einer wegen Nichterfüllung der Modellannahmen zurückgewiesenen parametrischen Vorgehensweise durch die Gegebenheiten eher in der Gültigkeit der Ergebnisse beeinträchtigt wird als das in Frage stehende parametrische Verfahren. In diesem Zusammenhang ist auf die vergleichenden Arbeiten von BONEAU (1960; 1963) zum t- und zum U-Test hinzuweisen.

Damit wird aber deutlich, daß der robuste parametrische Test genau die Problematik aufwirft, die wir beim <u>nichtparametrischen</u> Test diskutierten. Da Robustheit relative Unabhängigkeit von Modellannahmen bedeutet, tritt die Forderung nach Robustheit eines Prüfverfahrens auch hier in Gegensatz zur Forderung nach Genauigkeit. Der robuste Test wird gewöhnlich nicht der beste Test sein (vgl. RYTZ, 1967, 189). Wie bei der Gegenüberstellung <u>approximativer</u> und <u>exakter</u> Prüfverteilung (siehe Abschnitt 5.1.8) wird die Entscheidung für den robusten parametrischen Test oder für den nichtparametrischen Test jedoch immer eine Frage des Abwägens im konkreten Einzelfall sein.

Schließlich wird oft behauptet, daß Daten durch geeignete
Transformationen "normalisiert" werden können (z.B. das
T-Verfahren nach McCALL), so daß man anstelle der nichtparametrischen teststarke parametrische Verfahren in der Datenanalyse einsetzen kann. Nichtnormalverteilte Stichprobenbeobachtungen werden dabei rechnerisch so umgeformt, daß
sie eine Normalverteilung bilden. Allerdings wird mit Recht
immer wieder darauf hingewiesen, daß ein solches Vorgehen
schon aus dem Grunde nicht befriedigen kann, als die Skala
der Beobachtungswerte dadurch stark und vor allem unüber-
sichtlich verzerrt wird (vgl. LIENERT, 1957, 39; WEBER, 1972,
500). Gegen solche Transformationen spricht aber insbesondere die Tatsache, daß die Daten nach ihrer "Normalisierung"
nicht mehr unabhängig voneinander sind.

Ihren eigentlichen Bereich haben die nichtparametrischen
Verfahren bei Fragestellungen, die zu uneingeschränkten Alter
nativhypothesen führen (vgl. Abschnitt 4.2). Logischerweise
existieren für solche Fragestellungen keine parametrischen
Alternativen. Dies gilt nicht nur für die hier behandelten
Unterschiedstests, sondern insbesondere für Anpassungs- und
Zufälligkeitstests. Die beiden zuletzt genannten Testtypen
wurden im vorliegenden Bande nicht behandelt. Zu bemerken
ist jedoch, daß jedes nichtparametrische Prüfmaß im Hinblick
auf alle diese Testmöglichkeiten verwendbar ist, wie Edward
WALTER gezeigt hat (WALTER, 1951, 31-44 und 73-92).

Literaturverzeichnis

BASLER, Herbert, Grundbegriffe der Wahrscheinlichkeitsrechnung und statistischen Methodenlehre,
Würzburg 1968

BENNINGHAUS, Hans, Deskriptive Statistik (Statistik für
Soziologen, Bd. 1), Stuttgart 1974

BONEAU, C. Alan, A comparison of the power of U and t tests,
in: PSYCHOLOGICAL REVIEW 69 (1962), 246-256

BONEAU, C. Alan, The effects of violations of assumptions
underlying the t test, in: PSYCHOLOGICAL
BULLETIN 57 (1960), 49-64

BRADLEY, James V., Nonparametric statistics, in: Roger E.
KIRK (Hrsg.), Statistical issues. A reader
for the behavioral sciences, Belmont, Cal.
1972, 329-338

BRADLEY, James V., Distribution-free statistical tests,
London 1968

CLAUSS, Günter, und Heinz EBNER, Grundlagen der Statistik
für Psychologen, Pädagogen und Soziologen,
Berlin 1967

CONOVER, W.J., Practical nonparametric statistics, New York
1971

COOMBS, Clyde H., Psychological scaling without a unit of
measurement, in: PSYCHOLOGICAL REVIEW 57
(1950), 145-158

ELASHOFF, R.M., Effects of errors in statistical assumptions, in: D.L. SILLS (Hrsg.), Internatio-
nal encyclopedia of the social sciences
(Bd. 5), New York 1968, 132-142

FESTINGER, Leon, The significance of difference between
means without reference to the frequency
distribution function, in: PSYCHOMETRIKA
11 (1946), 97-105

FRIEDMAN, M., The use of rank to avoid the assumption of
normality implicit in the analysis of
variance, in: JOURNAL OF THE AMERICAN
STATISTICAL ASSOCIATION 32 (1937), 675-701

GIBBONS, J., Nonparametric statistical inference, New York
1971

GOODMAN, Leo A., Kolmogorov-Smirnov tests for psychological
research, in: PSYCHOLOGICAL BULLETIN 51 (1954),
160-168

HAJEK, J., Nonparametric statistics, San Francisco 1969

KEMPTHORNE, O., The randomization theory of experimental
inference, in: JOURNAL OF THE AMERICAN STA-
TISTICAL ASSOCIATION 50 (1955), 946-967

KENDALL, Maurice G., und R.M. SUNDRUM, Distribution-free
methods and order properties, in: REVIEW OF
THE INTERNATIONAL STATISTICAL INSTITUTE
3 (1953), 124-134

KRAFT, Charles H., und Constance VAN EEDEN, A nonparametric
introduction to statistics, New York 1968

KRUSKAL, William H., Historical notes on the Wilcoxon two-
sample test, in: JOURNAL OF THE AMERICAN
STATISTICAL ASSOCIATION 52 (1957), 356-360

KRUSKAL, William H., A nonparametric test for the several
sample problems, in: ANNALS OF MATHEMATICAL
STATISTICS 23 (1952), 525-540

KRUSKAL, William H., und W.A. WALLIS, Use of ranks in one-
criterion variance analysis, in: JOURNAL OF
THE AMERICAN STATISTICAL ASSOCIATION 47 (1952)
583-621

LIENERT, Gustav A., Verteilungsfreie Methoden in der Bio-
statistik, 2.Auflage, Bd. I, Meisenheim a. Glan
1973

LIENERT, Gustav A., Die zufallskritische Beurteilung psycho-
logischer Variablen mittels verteilungsfreier
Schnelltests, in: PSYCHOLOGISCHE BEITRÄGE 7
(1962), 183-217

LIENERT, Gustav A., Die statistische Beurteilung von Grup-
penunterschieden durch sogenannte verteilungsfreie Prüfverfahren, in: PSYCHOLOGISCHE BEI-
TRÄGE 3 (1957), 38-79

LUBIN, Ardie, Statistics, in: Paul R. FARNSWORTH (Hrsg.),
        Annual review of psychology, Vol. 13, Palo
        Alto, Calif., 1962, 345-370

MANN, H.B. und D.R. WHITNEY, On a test of wether one of
        two random variables is stochastically larger
        than the other, in: ANNALS OF MATHEMATICAL
        STATISTICS 18 (1947), 50-60

McCALL, W.A., Measurement, New York 1939

MOOD, A.M., Introduction to the theory of statistics,
        New York 1950

MOSTELLER, Fredrick, und Robert R. BUSH, Selected quanti-
        tative techniques, in: Gardner LINDZEY (Hrsg.),
        Handbook of social psychology, Bd. I, Theory
        and method, Reading, Mass., 1954, 289-334

NOETHER, Gottfried E., Needed - a new name, in: THE AMERICAN
        STATISTICIAN 21 (1967a), 41

NOETHER, Gottfried E., A nonparametric approach to elemen-
        tary statistics. Paper delivered at the 127th
        Annual Meeting of the American Statistical
        Association, Washington, D.C. (1967b)

PFANZAGL, Johann, Allgemcine Methodenlehre der Statistik,
        3.Auflage, Berlin 1968

PUTTER, Joseph, The treatment of ties in some nonparametric
        tests, in: ANNALS OF MATHEMATICAL STATISTICS
        26 (1955), 368-386

RYAN, Thomas A., Multiple Comparisons in psychological
        research, in: PSYCHOLOGICAL BULLETIN 56
        (1959), 26-47

RYTZ, C., Ausgewählte parameterfreie Prüfverfahren im 2-
        und k-Stichproben-Fall, in: METRIKA 12 (1967),
        189-204 und 13 (1968), 17-71

SAHNER, Heinz, Schließende Statistik (Statistik für Sozio-
        logen, Bd. 2), Stuttgart 1971

SAWREY, William L., A distinction between exact and approxi-
        mate nonparametric methods, in: PSYCHOMETRIKA
        23 (1958), 171-177

SIEGEL, Sidney, Nonparametric statistics for the behavioral
        sciences, New York 1956a

SIEGEL, Sidney, A method for obtaining an ordered metric
        scale, in: PSYCHOMETRIKA 21 (1956b) 207-216

SIEGEL, Sidney, und John W. TUKEY, A nonparametric sum of
        ranks procedure for relative spread in un-
        paired samples, in: JOURNAL OF THE AMERICAN
        STATISTICAL ASSOCATION 55 (1960), 429-445

TATE, M.W. und R.C. CLELLAND, Nonparametric and shortcut
        statistics in the social,biological and
        medical sciences, Danville, Ill., 1957

TUKEY, John W., Analyzing data: Sanctification or detective
        work? in: AMERICAN PSYCHOLOGIST 24 (1969),
        83-91

URY, Hans, In response to Noether's letter "Needed - a new
        name", in: THE AMERICAN STATISTICIAN 21
        (1967), 53

VOGEL, Friedrich, Grundfragen nichtparametrischer Hypothe-
        sen einiger wichtiger Testverfahren, in:
        ALLGEMEINES STATISTISCHES ARCHIV 55 (1971),
        361-381

WALTER, Edward, Über einige nichtparametrische Testverfah-
        ren, in: MITTEILUNGSBLATT FÜR MATHEMATI-
        SCHE STATISTIK 3 (1951), 31-44 und 73-92

WEBER, Erna, Grundriss der biologischen Statistik, 7.Aufla-
        ge, Jena 1972

WETHERILL, G.B., The Wilcoxon test and non-null hypothesis,
        in: JOURNAL OF THE ROYAL STATISTICAL
        SOCIETY, Ser.B., 22 (1960), 402-418

WILCOXON, Frank, Individual comparisons by ranking methods,
        in: BIOMETRICS 1 (1945), 80-83

WILKS, S.S., Non-parametric statistical inference, in:
        Ulf GRENANDER, Hrsg., Probability and
        statistics, New York 1959, 331-354

Sachregister

Studienskripten zur Soziologie

Fortsetzung auf der 3. Umschlagseite